優渥叢書

這年頭厲害的人，
都用「零成本」包裝一個會賺錢的生意！

如何用

短影音說故事的開店行銷術

高臻臻◎著

U0079641

🛒 目錄

第 3 章　**品牌想脫穎而出，**
該如何找到創新的切入點？

第 4 章

想獲得忠誠的「種子顧客」，該做什麼樣的活動？

第5章　如何使顧客從1到N 爆發式成長

第6章　13個老店創新，成功打開新市場的案例

本書中所有金額，皆指人民幣。

網路時代，經營者如何用最低的成本做好行銷？

　　網路時代是一個高速發展的時代，比起過往，商業活動頻率增加許多。在這種形式下，很多創業者沒有辦法像以前一樣，等一切都準備好再開啟創業之路，想成功就要小步快跑。為了避免增加成本，最簡單的方式就是先低成本試錯，再快速調整、反覆運算。

　　例如，以前製作一件商品，必須先花很多錢建廠再生產。之所以必須按照這種流程去做，是因為以前是賣方市場，只要有產品就能賣出去。但是，網路時代是買方市場，更適合先低成本試錯，也就是先檢驗市場再做大規模。

　　這時問題就出現了，很多門店經營者會問：「在物價不斷上漲的時代，如何實現冷啟動，零成本做行銷呢？」這本書就是來幫助創業者和經營者解決這個問題的。

　　本書共分為 6 章，運用大量實際案例，從專業角度為讀者提供解決問題的思路和方法。

第 1 章：從「什麼是門市冷啟動」切入，詳細解讀什麼是冷啟動、門市要如何做才能開啟冷啟動之路。

　　第 2 章：用具體的案例，詳細闡述一個好的專案應該如何做，才能實現冷啟動。

　　第 3 章：品牌冷啟動不能只從表面創新，還要從文化創新中尋找商業切入口。

　　第 4 章：第一批「種子顧客」對任何門市來說，都是持續經營並發展的關鍵。本章圍繞如何獲得種子顧客這個問題，提供切實、可操作的方法和策略。

　　第 5 章：在重視流量的時代，如何為門市吸引流量，讓門市實現從 1 到 N 的爆發式增長？這一章會具體回答這個問題。

　　第 6 章：在市場瞬息萬變的時代，店家還應當根據市場需求升級，尤其老店更應該升級以打開新市場。

　　本書根據個人的實戰經驗編寫，深入解析零成本做行銷的巨大優勢。並用豐富的冷啟動案例，為各行各業以零成本做行銷提供可實際操作的解決方案，手把手教讀者做行銷，以及如何把一件產品打造成爆款。

第 1 章

網路時代，
你也能用低成本做出高業績

1-01

先認識什麼是「冷啟動」

　　冷啟動，就是指低成本做行銷。從本質上來說，**冷啟動是用創新的方式來整合資源，促成資源之間互相借力，減少「硬成本」的投入**。尤其在網路時代，做行銷需要的資金大，很多門市根本擔負不起這筆費用，所以更要學會經由資源整合、資源借力，做省錢、有效的行銷。

　　具體來說，冷啟動對門市創業者和經營者的價值，主要體現在以下三個方面。

❖ 突顯人的價值

　　網路時代非常明顯的一個特徵，就是突顯了人的價值。以往，創業團隊會籌集資金投資建廠，再根據投資比例來分紅。但在網路時代，只投入資金的投資者，可能只擁有很少的股份；投入時間和精力的管理者，持股比例很高。因此相比之下，網

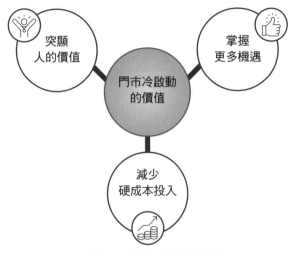

▲ 圖 1-1　門市冷啟動的價值

路時代更加突顯人的價值，也進一步說明「人」才是這個時代
寶貴的資源。

　　低成本做行銷突顯的就是人的價值，強調創業者和經營者
經由自己的思考和能力整合資源、利用資源，進而實現成功創
業。從某種程度上說，冷啟動做行銷是網路時代發展的產物，
也是創業者順應時代發展必備的能力。

❖ 減少「硬成本」的投入

　　市場上很多專案的啟動成本很高，效果卻難以評估。若門
市的專案資金少，很難大量投入資金進行推廣，因此冷啟動成
為門市最為經濟的行銷方法之一。

❖ 掌握更多機遇

　　以往我們談及冷啟動，似乎是一件不太可能的事情，因此很多想創業的人望而卻步。但在網路時代，只要你能夠發散思維、懂得利用資源向外借力，就可以實現冷啟動，經由低成本行銷打開自己的「創業之門」。

1-02

想要有生意進門，
首先要選好門市地點

很多門市經營者認為花錢租實體店面，購買的是空間，這種認知其實是片面的。我們花錢購買的不僅僅是空間，還有線下的流量。

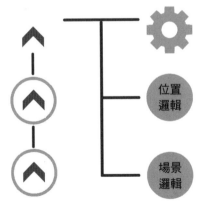

▲ 圖 1-2　門市生意好壞的底層邏輯

決定門市流量大小的因素有兩個：一是位置、二是場景。換句話說，門市生意好壞的底層邏輯，是位置邏輯和場景邏輯。

❖ 位置邏輯

位置邏輯，是門市生意好壞的基本底層邏輯。門市位置不好，就意味著線下流量少；線下流量少，就會影響門市的生意。所以，門市位置對品牌的發展至關重要，需慎重考慮。

曾經有一個高知名度的品牌，主營煎餅。在開新店選址的時候，創始人認為品牌的知名度已經非常高了，不需要特地選擇位置好、流量高的門市，還能夠有效控制成本。於是選址的時候非常隨意，最終該品牌的新店以失敗告終。

❖ 場景邏輯

很多人會有這樣的疑問：為什麼有一些門市的位置並不好，生意卻很好呢？這似乎不符合正常的邏輯。實際上，這些門市的生存邏輯，跟一般的流量店鋪底層邏輯不同，它所遵循的是場景邏輯。

四川有一家非常出名的豆乾品牌，它的實體店在一個前不著村、後不著店的山上，而且還是獨店。但是店裡的生意非常好。

主要原因是：豆乾是用當地山上的泉水做的，利用了當地的環境大場景。

好的場景會給顧客帶來好的購物體驗，進而促進消費。無獨有偶，有一家非常出名的民宿，遵循的也是場景邏輯。這家民宿開在一個交通不便的山上，但生意異常地好，主要是因為民宿的創始人在旅遊業多年，深知吸引人的風景區符合場景邏輯，於是就遵循這樣的邏輯，建造了一個有特色的民宿。

所以，門市如果不能遵循位置邏輯，還是可以遵循場景邏輯，結合自身資源打造一個有特色的場景。門市選址遵循以下的公式。

業績 = 流量 × 轉化率 × 客單價 × 連接係數

流量：代表經過門市的人有多少
轉化率：以上經過的人，有多少會進入門市
客單價：平均每位顧客成交的價格
連接係數：指複購率和傳播率。複購率、傳播率越高，連接係數越大。

如果門市的選址不對、流量不好，不如及時停損換一個位址重新開店，如果開店後 3 個月沒什麼生意，那麼再「活過來」的可能性就很小了，尤其餐飲業更是如此。

雖然很多位置好的店鋪，往往都被成熟的品牌佔領了，後來者很難獲得，但仍然可以選擇一個次好位置的店鋪。

我們可以採取「顧客畫像跟隨戰略」，例如小米的顧客和 Uniqulo、星巴克的顧客高度重合，所以小米採取和 Uniqulo、星巴克鄰近開店的選址策略。這種顧客畫像跟隨戰略，對很多實體門市選址都是有效的。

另外，還有一個解決門市選址不好的辦法，就是採取線下體驗、線上銷售的新零售方式。例如，經由做社群、做外賣、做網店等方式，來彌補線下門市選址的不足。

1-03

決定營運成敗的 4 大關鍵

在競爭激烈的市場環境下，門市行銷是提升銷售業績的關鍵，也是門市運營成敗的關鍵，那麼如何才能做好門市行銷呢？

小 A 在福州周邊城市開了一家賣珠寶鐘錶的店，又在旁邊開了一家典當鋪。兩家店的面積都是 200 平方公尺，每月平均收入在 600 萬至 700 萬元。兩家店的核心優勢是，比市場同等價位的產品便宜。但這兩家店基本上是同行，無法創造出更多流量。

小 A 想改變目前的營運模式，經由招商的方式複製店鋪，實現引流。

小 A 想經由招商的方式複製店鋪，實現引流，其實就是想做好門市行銷。要做好門市行銷，就應當在場景、IP

（intellectual property，智慧財產權）、社群、傳播這 4 個關鍵下功夫。

❖ 產品邏輯：場景

場景，可以簡單理解為是消費者在消費的過程中，門市或商圈大環境主動或者被動營造出來的使用者體驗，目的是促進消費者下單消費。

例如直播商品的商業轉化率，是傳統電商商品介紹的幾倍，因為直播能夠營造出有真實感、既視感的場景，更能激發消費者下單購買的欲望。線下門市中，場景也是行銷的一個關鍵因素。

有一位做生態農業的老闆，主要種植有機蔬菜。他辛辛苦苦經營了 5 年，終於實現經營性保本，也就是說，他不用再繼續大額投入資金了。

他主要的贏利方式，是在農場裡開一家很大的有機蔬菜餐廳，每個週末接待大量親子遊客。很多家庭不僅會在現場用餐，還會打包一些有機蔬菜帶走。

老闆發現這種商業模式不錯，於是又在城市裡開了一家一樣的有機蔬菜餐廳，他認為餐廳離消費者更近，生意肯定更好。但實際情況截然相反，新餐廳的生意一塌糊塗，很快就經營不下去了。

　　為什麼同樣是有機蔬菜餐廳，換到城市裡就經營不下去了呢？這個問題的答案其實很簡單，因為城市裡的有機蔬菜餐廳沒有消費場景。

　　有機蔬菜固然吸引人，農場裡的餐廳之所以有大量的消費者，很大的可能性是有消費場景。家長可以上午帶孩子參觀有機蔬菜園，中午在有機蔬菜餐廳吃飯，之後再帶點有機蔬菜回家，這一切都是順理成章的事。

　　但城市裡的有機蔬菜餐廳沒有農場背景，很少有消費者知道這家餐廳跟有機蔬菜有關，也就不會產生興趣。所以，在沒有場景支撐的情況下，經營有機蔬菜餐廳是非常難的。

　　實際上，市場上從來都不缺好的產品，或者說不缺商家們自認為好的產品。但是往往這些所謂的好產品生意並不好，為什麼？因為消費者找不到合適的場景來使用這些產品。

　　例如，小 B 的店鋪銷售野生銀耳，但是很多消費者並不知道需不需要野生銀耳，或者什麼時候需要野生銀耳，所以他們即便認可小 B 的產品，也不會去購買。

　　但是如果小 B 為野生銀耳植入一個場景，效果就大不一樣了。例如，用圖文的形式告訴消費者，他們可以用野生銀耳做銀耳百合梨湯、銀耳蓮子羹等養生餐食，這其實就不是單純地在賣野生銀耳了，而是在賣消費場景，對消費者的吸引力就會更大。

　　場景行銷其實就是借勢，借門市周邊環境的大場景勢能，以及門市裡的小場景勢能。這種勢能帶來的流量，遠遠超過我們的想像。

❖ 品牌邏輯：IP

美國的管理學家湯姆・彼得斯（Tom Peters）說過：「21世紀的生存法則，就是建立個人品牌。」建立個人品牌在這個時代越來越重要，無論大企業老闆還是中小企業的創業者，人人都需要建立個人品牌。建立個人品牌的好處有很多，具體表現在以下三點。

第一，可以讓自己的門市低成本宣傳。媒體說你的產品好，那叫「廣告」，需要付廣告費。媒體說你這個人有趣、有故事，順便帶出你的產品，那叫「公關」，大多時候也需要付費。但是建立了個人品牌，就不需要花大量的資金請媒體做廣告，因為個人品牌能為店鋪帶來流量，節省廣告成本。

第二，可以降低和顧客、合作夥伴交易的成本。有個人品牌者一般會很珍惜自己的羽毛、注重誠信，自然會吸引更多的人主動尋求合作，商業機會也就自然越來越多。

第三，為給企業配一張「保單」。創始人有良好的公眾形象、有可靠的個人品牌，企業遇到危機時就可以擇機公關，避免辛苦創辦的企業一夜之間遭遇滅頂之災。但這也是一把雙刃劍，如果創始人出現負面消息，企業也會因此而遭受危機。

回到之前提到的小 A 案例。僅從小 A 提供的資訊以及店鋪的業態，我建議以塑造 IP 人物的方式來宣傳品牌，吸引潛在顧客。例如，可以塑造一位或多位年長鐘錶師傅的形象，呈現出低調、沉穩、專業的感覺，讓人產生情感共鳴，更能打動

並吸引更多的潛在顧客。

　　此外如果條件允許，門市還可以經由自媒體進行宣傳。宣傳主題一定要能突出門市的特色，而且要在第一時間抓住顧客的眼球，例如，主題可以是「鐘錶手工匠人專業修錶50年」。為什麼是「修錶」而不是賣錶，因為在鐘錶店的業態中，人們對修錶的情感認知和認可度，遠遠高於賣錶。

　　同時，修錶的手工匠人這個話題，可能會吸引傳統媒體或者新媒體轉發，如果他們能參與進來，品牌影響力就會進一步提升。強調修錶不僅更利於品牌傳播，還可以實現引流，讓顧客進店購買鐘錶。所以說，品牌宣傳的主題，也是影響品牌宣傳力度的關鍵。

　　無論什麼門市，想做好行銷一定要考慮打造創始人的IP。IP 就像一個人的名字，當別人記住你、對你產生親切感，自然會常來光顧。

❖ 顧客關係邏輯：社群

　　社群是有共同喜好、需求或目標而聚集在一起的群體，是新時代的一種行銷管道。雖然我對鐘錶業並不是特別瞭解，但是根據我的調研，珠寶鐘錶這類產品，主要吸引的群體是中老年人或是收藏家，這其實是一個比較小眾的群體，因此建立社群就更有必要。

　　如何建立社群？很多人第一時間想到的是微信群。其實，社群不只有微信群，還有更多的形式。例如，創建一個鐘錶收藏的論壇、建立一個修錶技術討論的社交圈等。

從長遠來看，建立自己的社群陣地，可能是銷售轉化最好的方式。但創業者要注意的是，無論經由哪一種形式建立社群，最好請有社群運營運經驗的人來操作。

❖ 行銷邏輯：傳播

在前文中提到，小 A 想經由招商的方式擴張門市，這種操作模式的目的是傳播。小 A 可以借助自己建立的社群傳播，也可以採取其他的傳播方式，關鍵是一定要讓更多的人知道他的品牌。

網路時代中，無論做什麼生意都應學會以網路為連接，落實在實體店面，圍繞場景、IP、社群、傳播這 4 個關鍵字對門市進行行銷，提升品牌知名度，吸引更多潛在顧客成功實現門市冷啟動。

1-04

銷量持續上漲的祕密武器 ——產品矩陣

　　電商領域有一個拆分產品的矩陣思維：例如將訪客數量最多的產品，作為網店的引流款產品；支付額最高的產品，作為利潤款產品；下單數量最多的產品，作為主打款產品。這種將產品拆分的思維模式也非常適合門市行銷。

　　有一家做美容美甲的門市，人工成本不低，但是顧客做一次美甲只需 10 元。單看這個價格一定會虧錢，但這家店其實不是經由美甲來賺錢，那只是門市的引流款產品。顧客做美甲的過程中，工作人員會將顧客引流到其他服務，如紋眉、去斑等，這些服務的利潤遠超過美甲。

　　用美甲服務引流，用其他服務賺取利潤，其實就是利用了「產品矩陣思維」。很顯然，這種行銷思維有利於門市銷售額持續上漲。所以對於門市來說，拆分現有的產品或服務，或引

進新的產品進行組合,形成產品矩陣,是實現門市商業價值最大化的有效策略。

　門市經營者要注意的是,並非隨便把產品組合在一起形成的產品矩陣,就能提升業績。設計門市的產品矩陣,一定要採用科學、合理的方法,根據多年的門市行銷經驗,我總結出如圖 1-3 的 4 大產品矩陣:引流款產品、養熟款產品、裂變款產品、利潤款產品。

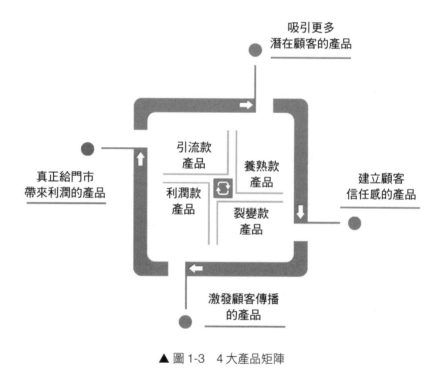

▲ 圖 1-3　4 大產品矩陣

❖ 引流款產品

此指能夠幫助門市吸引更多潛在顧客的產品，這類產品一般價格比較低，在市場上又有極大需求，能夠激發顧客關注和購買欲望。

小 C 開了一間游泳教室，教學地點暫時只有一個，主打的產品是游泳課程。有 4 歲到成人的小班教學，一個班上有 3 至 5 人，每節課一個小時，主教練是奧運冠軍。

這種經營模式持續了 3 年，價格一直沒有調整過。後來由於當地法定最低薪資上漲，再加上其他各種費用，他們打算把課程價格上調 20% 左右，但很擔心顧客會因為價格望而卻步……

我不建議小 C 漲價，甚至建議他降價，但利用其他增值產品或服務，如飲料、游泳裝備或相關活動等增加利潤。也就是說，可以將基礎課程設計為引流款產品；將其他的增值產品或服務，設計為利潤款產品，以此吸引更多的潛在顧客。顧客多了，對飲料、游泳裝備的需求就會變大，進而可以大大提升門市的銷售額。

❖ 養熟款產品

養熟款產品也稱為建立顧客信任款產品，行銷中需要解決信任問題，有了信任感，交易就會變得更容易。在養熟款產品

中，最常見的是會員卡制度。

再例如，飲料店可以推出一款獨有的馬克杯，只要顧客拿著這個杯子來買飲料，就可以免費續杯或者享有優惠，不僅增加趣味，還能成功與顧客建立信任。

❖ 裂變款產品

此指能夠打造口碑、激發傳播，能為門市帶來更多流量和利潤的產品。

理髮店一般都會有儲值打折的專案，比如儲值 1000 元打 8 折，但此外就沒有其他優惠了。

但有一家理髮店在此基礎上升級，這家店依然是儲值 1000 元打 8 折，但是如果一個月內累積消費 5 次，再送 500 元；消費 10 次，會再送 1000 元。任一位顧客儲值一次，都有一次參加活動的機會，有效期為 1 個月。

當然，很少有人一個月內理髮 10 次，於是有這張卡的人，會將這些免費的機會轉送給朋友。就這樣，顧客傳顧客，來這家理髮店的人越來越多了。

這家理髮店的行銷模式，使其提前獲得大量現金流、綁定大量顧客，為門市帶來可觀收益。更重要的是，經由這種模式激發老顧客傳播，實現顧客裂變，這就是裂變產品的力量。

❖ 利潤款產品

利潤款產品也稱為成交款產品，是指能夠真正給門市帶來可觀利潤的產品。例如，美甲店的紋眉、去斑服務；游泳班的飲料、游泳裝備等都是利潤款產品。

但不少門市只有利潤款產品，沒有引流款產品、養熟款產品、裂變款產品來配合。產品模式單一，經營者的壓力就會越來越大，而且會越來越難以支撐。所以，經營者若想讓門市的銷量持續上漲，就應根據產品特點、經營現狀、市場環境等因素，科學合理地拆分產品，設計產品矩陣。

1-05

如何成為網紅打卡的熱門店家？

　　在一個人人都是自媒體的時代，門市想掌握更多市場機遇，將媒體的流量轉化成自己的流量，就應具備新行銷思維——為門市運營植入媒體基因。

　　何謂媒體基因？媒體基因是指把門市當媒介來經營。線下門市的商品交易雖然重要，但是把線下門市當成媒介來經營更重要，例如把門市打造成消費者的打卡聖地。

　　深圳市有一家非常有趣的咖啡店，叫「Petales café」，它是深圳首家高空酒店風格的咖啡店。這家咖啡店與一般咖啡店不同，不只為消費者提供咖啡，還有類似高級酒店裡的大床，甚至準備睡衣，讓消費者在高樓拍出酒店風格的照片。雖然消費者主要是為了拍照，但是拍照的時候一般都會點一杯咖啡，咖啡店的咖啡銷量也會因此提升。

　　這就是一個把實體店當成媒介來經營的典型案例，線下門市不僅是一個交易場地，更是一個內容傳播陣地。經營者設計門市的時候，就應該植入媒體基因，用心打造能讓消費者主動傳播的內容。

　　一般來說，線下門市最容易傳播的內容，就是消費者自己拍的照片或短片。因此，為門市植入媒體基因最簡單、直接的方法，就是幫助消費者找到拍出好看的照片或短片的素材。如果可以，最好設計 9 個素材，因為大家更喜歡湊齊 9 張照片形成 9 宮格，具體上可以從以下兩個方面去設計。

　　第一，區分出獨立、休閒的空間。消費者喜歡在獨立、休閒的空間拍照，既能輕鬆地享受拍照的樂趣，又能拍出好看的照片或短片。所以，設計門市的時候最好能夠區分一個獨立、休閒的空間。這其實就是進一步造景，引導消費者拍照傳播。

　　第二，提供拍照的道具。例如，上述的咖啡店提供睡衣作為道具。很多時候，簡單的道具就能激發消費者拍照，如玩偶、餐具、相框等，甚至牆上的一些有趣文字，也可以成為拍照的道具。

　　今日是媒體時代，任何人、任何場景、任何事情都可以是媒介，都可以創造能夠引發傳播的內容。所以，經營者應具備媒介意識，並學會為門市運營植入媒體基因，以更大限度地傳播自己的門市和產品資訊，吸引更多流量。

1-06

如何把你的小店「升級」？
快學這幾個成功經驗

　　劉慈欣的作品《三體》一度非常有人氣，給網路創業帶來一個新的理論——降維打擊。如果降維是一種破壞，那升維就是一種創造。

　　為什麼是升維或降維，而不是升級或降級呢？因為升級和降級只是「量」變，而升維和降維是「質」變。

　　試想一下，如果沒有陸橋、沒有隧道，僅僅用公路來解決交通擁堵的問題，那交通將會令人非常頭痛。從公路到陸橋、到隧道，就是一種升維的創新，是質的改變。同理，門市要擺脫和同行之間量的競爭（如價格戰），有一個好辦法就是做質的升維創新。

　　升維創新有一個關鍵點：升維創新的企業向下相容，它可以做別人的業務，但是別人很難做它做的業務。主要有兩個方向：縱向升維創新和橫向升維創新。

❖ 縱向升維創新

　　此為升維創新思路中，非常重要的一種創新方法，也是非常容易掌握的一種方法。縱向升維創新，就是抬頭往上看，看看這個行業裡最高級的業務形態是什麼樣，然後向它學習。

　　「天真藍」是一個拍證件照的連鎖店。按照慣性思維，拍證件照就是在小相館裡拍，但是這家連鎖店複製了攝影棚模式。它把拍證件照的「小」生意升維到攝影棚的規格，有專業化妝師、有衣服可以選，還有修片室。

　　這種升維經過了市場考驗，因為很多大學畢業生覺得證件照代表自己的形象，好的照片可以幫助自己找到更好的工作，多花點錢去拍證件照是值得的。所以這店家生意非常好，消費者去拍照還得預約。

▲ 圖1-4　天真藍門市

我的團隊之前做過一個重點專案——空島計畫，就是在全世界風景漂亮的地方，甚至是無人區，建造體驗版的目的地型營地。我們先簡單地把空島計畫看作一個酒店專案，那麼怎麼突出酒店的創新之處呢？

　　這個計畫其實就是酒店專案的升維創新。第一代酒店，解決的是基本住宿問題。第二代酒店，也稱為精緻酒店，解決的是消費升級後良好的住宿環境和用餐環境問題。第二代酒店比起第一代酒店，只是硬體上提升了，換句話說只要有一定的資金都可以做到。而空島計畫在這兩代酒店的基礎上升維，屬於第三代酒店。

　　第三代酒店不僅向下相容前兩代酒店的特點，在硬體上請知名設計師設計，更重要的是其軟優勢——玩法。

　　「腦細胞團隊」是空島計畫的執行團隊，和其他傳統酒店團隊的區別是網路基因和媒體基因。所以，空島計畫在酒店這個維度的差異化，是旅遊體驗上的玩法。第一代、第二代酒店的旅遊體驗是以看風景、玩遊樂專案為主，而空島計畫代表的第三代酒店的旅遊體驗，是有共同興趣的人一起玩。

　　從以上案例我們可以發現，縱向升維創新就是在原有行業的縱向方向上，尋找更加高級的業態，實現「降維打擊」。幾乎所有的行業、產品都可以實現縱向的升維創新，就看創業者們能否跳出慣性思維，去尋找自身行業的高維參照物。

❖ 橫向升維創新

對於一般門市經營者而言，橫向升維創新比較難。簡單地說，橫向升維創新是指門市經營者從其他行業借鑒升維創新的方法，如果找到合適的方法，有很大可能會出現顛覆性創新，使門市有翻天覆地的變化。

一位房地產老闆有一棟商業綜合大樓，他想讓我們的團隊做一個地標性業態，讓整個商業綜合大樓的房產升值，促進房產銷售。實地考察後，我們建議他開一家顛覆式的健身房。

很多人付費去傳統健身房，但只有一小部分人能夠長期堅持健身。對一些人來說去健身房就是去受苦，甚至需要常常對自己喊話：「加油，再堅持 5 分鐘、再堅持 10 分鐘！」這種健身體驗是非常無趣的，我們就從這個痛點切入去創新。但在健身房行業找這樣的創新維度很難，於是跨界到遊戲行業。

我們引進類似遊戲闖關的系統，每個來健身的人會戴一個手環，手環和健身房所有的設備聯通。例如，顧客去練習彈跳時，系統會根據跳起來的高度，自動記錄數據並排名，並且把前 10 的人的姓名和彈跳高度，長期顯示在螢幕上展示。

整個健身房就像挑戰電玩遊戲一樣，需分級闖關。只有達到某個分數，才能進入某個區健身，沒有達到就得單獨付費。

還從世界各地引的 VR（virtual reality，虛擬實境）健身器材，這家健身房的經營理念就是讓年輕人娛樂化、遊戲化健身，並時時激發年輕人挑戰的欲望。所以，我們為這家健身房取名為「UP」，不僅有成人版的，還有兒童版的「UP KIDS」。

這家健身房就是跨行業的升維創新的例子，這種模式遠比一般健身房更具吸引力。所以，不只要關注自己的行業，還要盡可能多地關注其他行業，橫向尋找可以借鑒使用的升維創新策略。

最後，我用一句話來總結升維創新方法的核心：尋找更高維度業態的參照物。

案例 1

小社區裡的大生意

有一個快遞取貨店的老闆，是一個非常會做生意的人。他將取貨點打造成「取貨點＋販賣部」，顧客取貨的時候，就相當於給販賣部引流。這個販賣部不僅實現線下引流，還建立了社群打通線上管道。雖然這只是一個小小的社區店鋪，但是生意做得風生水起。

為什麼在一個小小的社區裡能做成「這樣的大生意？

1. 店鋪位置優越，老闆懂得引流

店鋪的位置在社區裡，保守估計該社區的住戶有上萬人。但是社區有流量並不意味店鋪一定有流量，關鍵在於你是否懂得將這些流量引流到店鋪，這家店的老闆就是一個非常懂得引流的人。

他在店門口放了一個展架，展示的是社區服務群的 QR

CODE。社區裡的人不太可能每天都去實體店取貨，但是每天都會看手機。所以，他經由經營社群方式，進一步提高顧客黏性，成功將線下生意引流到線上。

2. 服務態度良好

老闆的服務態度非常好，只要你發訊息告知取貨資訊，老闆便會免費幫你把快遞送上門。很多人不好意思讓他免費送，會順便買一些水果或飲料。這對小店來說，也是提高業績的一種方式。

這種送貨上門的方式之所以受到歡迎，正是因為戳中了顧客的痛點。因為大家上班都很忙，下班回家後誰也不想再出門

▲ 圖 1-5　店舖的展架和微信群組

了。這種送貨上門的方式正好幫助顧客解決痛點，即使被收費也樂意。其他店鋪的老闆也應該有這種思維，要多思考顧客的痛點是什麼，並想辦法解決他們的痛點。

3. 與社區業主建立信任

信任是經營之本。小店老闆為了建立與社區業主之間的信任，對於非主營業務也願意做。例如，他不但免費提供寄送貨的服務，還直接把和快遞公司簽約的合約價格發到群組裡。這

▲ 圖1-6 老闆在微信群發佈商品訊息

樣一來，社區業主對他的好感和信任度便大大提升，更願意在他的店裡購買東西。

4. 懂得行銷

有流量也要懂得行銷，才能帶動店裡的生意。所以，小店的老闆常在群組裡發特產、進口啤酒等產品資訊。為了保持熱度，還常在群組裡發優惠券，雖然錢不多，每次只有 5 元或 10 元，但確實可以活躍氣氛。群組裡的氣氛一旦活躍，店內的商品就很容易賣出去。

小店老闆採取的，就是典型的「流量入口＋社群＋內容建設」商業模式社區版。他用快遞或包裹吸引流量，用社群的形式將流量沉澱，再經由發送短片、圖片等內容來實現商業轉化。

也許有人認為這種小店的生意再怎麼好也好不到哪裡去，因為社區的人畢竟就那麼多。其實這種觀點是片面的，一個小店的生意的確規模很小，但如果在城市裡經營 10 個、100 個，那麼總規模將會非常可觀。

不僅快遞取貨可以採取這種商業模式，分佈在社區周圍的各種水果店、婦嬰店，甚至是物業管理公司，都可以採取社區社群的方式進行經營。

社區社群有非常大的市場空間，但很多運營細節還有待提高，經營者需要在實操過程中體會和改進，才能更快實現引流，為店鋪帶來更多利潤。

最後，需要注意的是：千萬不要把網路玩法操作過頭，應回歸道最本質，也就是福務，因為我們都是在做人的生意，「回

案例 2

不只賣餐點的創新餐廳

「一品一家」是一家餐飲店，老闆叫李君。李君大學畢業後去農村服務過，所以特別瞭解農民及農產品。農產品的品質非常好但沒有銷售出路，因此他想做一點連接城市和農村的事，一是能為城市的消費者提供健康的農產品，二是可以幫助農民提高收入。於是，他開了一家餐飲店，店裡的豬肉、雞肉、鴨肉、雞蛋都是從直接向農民採購的。

我吃過他們店的豬肉，吃第一塊的時候十分震驚。我從沒吃過那麼好吃的豬肉，肥而不膩、有香氣，而且肉質很軟嫩。作為一名消費者，我很想知道這樣的豬肉是在哪裡買的。這家店就提供這樣的服務——不僅做餐飲還賣食材，提供的是正宗農產品，這種模式吸引了很多消費者。

老闆跟我說，他以前跟別人說農民的豬都是散養的，肉質特別好，但大多數人不相信。所以他才開了這家店，讓消費者先嚐過再買。事實證名，說得再多都不如實際的體驗有說服力，以下就是該店的套餐表。

套餐表
（所有套餐年度起售）
單品套餐

年華豬	4999元	年華豬1頭+時光雞6隻（一年母雞）＋240顆雞蛋
【內容】年豬一隻（淨重不低於120斤），每月10斤豬肉，20顆雞蛋，隔月配送一隻時光雞，總計6隻		
時光雞	2256元	時光雞12隻（一年母雞）＋240顆雞蛋
【內容】每月一隻時光雞+20顆雞蛋，持續配送12個月		
歲月鴨	1896元	歲月鴨12隻+120顆雞蛋+120顆鴨蛋
【內容】每月一隻一年歲月鴨＋10顆雞蛋＋10顆鴨蛋，持續配送12個月		
土雞蛋	998元	土雞蛋360顆+歲月鴨1隻
【內容】每月30顆土雞蛋，持續配送12個月，年末送一隻一年歲月鴨		

歸真服務」才是最佳的運營方式之一。

這其實是一種體驗經濟，是一種餐飲店的升維創新做法。表面上來看，這家店就是一家普通的餐飲店，但是主打的產品不是菜品，而是食材。這家店不僅可以靠食材賺錢，還可以經由好的體驗，沉澱購買年度套餐的消費者，賺取更多贏利。

例如，消費者在餐廳吃過豬肉覺得味道不錯，於是就訂了一年豬肉，店家每月送貨上門。這種升維創新，簡直就是「超級現金奶牛」，能給餐飲店帶來源源不斷的利潤。

案例 3

懂得向大平台借力

小陳：家居布藝行業從業15年。
小張：電商運營，從業7年。
小程：某快遞品牌的地區代理負責人。

以上3個人合夥開一家布藝公司，產品主要是成品窗簾、桌布、沙發、抱枕，與同行沒有太大差異。行銷管道主要是各大網路購物平台，公司員工50人，旗下沒有代理商，每個月的收入在70萬元左右。

經營的過程中遇到一個棘手的問題：他們想做線下加盟連鎖店，創立一個屬於自己的品牌，把質優價廉的產品送到消費者的手中，但是不知道如何建立一套與加盟商相關的商業模式。

電商時代早已不是單打獨鬥的時代,「聚人」才是門市成功的起點。也就是說在這個時代,門市要想提升銷量,就要學會借助平台聚人,所以他們三位想做線下加盟店的策略是可取的。但如何建立一套與加盟商相關的商業模式呢?答案其實很簡單,門市可以先瞭解行業的加盟政策,然後向大平台借力。

1. 搜集資料,瞭解行業的加盟政策

瞭解行業的加盟政策,是做線下加盟的前提。每個行業的加盟政策不盡相同,門市要想瞭解具體行業的加盟政策,可以從網路上搜索。網路上有非常具體的資料,並且會提供一些建設性的意見。

2. 借助大平台,線上線下共同銷售

新零售概念在 2016 年被提出,該零售模式可以幫助門市更聚人,實現線上線下合作銷售。

例如,重新註冊新的線上品牌,即我們常說的品牌分離,目的是保障原有的線下品牌的價值和現金流體系,同時統一線上與線下。不但線上上賣產品,也可以線上下賣產品,且產品統一、價格統一。

線下實體店主要用來展示產品,讓消費者體驗。當消費者獲得良好的體驗後,再告知他們這些產品在哪些線上平台同步銷售,就可以往線上引流。

如果做加盟店,借助這些平台更利於做好供應鏈管理及門市管理。因為一般大的電商平台,會根據收貨位址來進行利潤分配。例如,我是甲城市的加盟商,在網購平台上的訂單位址

是甲城市。不管訂單是來自這個加盟商的推薦，還是自然流量導入，訂單來源的加盟商都能分配到應有的利潤。這種模式不僅能吸引更多的加盟商加入，還能促進加盟商發展，進而實現把品牌做大、做強的目標。

3. 可以借助平台，但不能過分依賴平台

從一個消費者的角度看，布藝家居業想做加盟店並不容易。確切地說，這個行業發展線下實體店比較困難，而且非常容易遭到互聯網的衝擊。所以，如果門市經營者想借助大平台做加盟店，要掌握一個度，不能過分依賴。換句話說，如果門市經營者只是想借助大平台從中分一杯羹，那麼也行得通。

案例 4

用小巧思讓營業額翻倍

知名滷味品牌「久久丫」曾在專案經營中遇到瓶頸，當時成都流行一種美食叫「串串香」，就是用竹籤將菜串起來放在鍋裡煮。於是，「久久丫」就借了「串串香」的靈感，把滷菜串起來賣。結果出乎意料，銷量、營業額都翻了好幾倍。

為什麼只是將滷菜串在竹籤上，銷量和營業額就翻了好幾倍？關鍵原因有以下兩點。

第一，串上竹籤，符合人群邊逛街邊吃的場景，而且還把原本當下飯菜或下酒菜的滷味輕量化，消費者的體驗會更好。

第二，把滷菜串起來，會增加整體視覺上的份量看起來更多，但實際上並沒有放在碗裡的多，這就變相地降低成本，增加利潤。

其實大部分產品的銷量無法提升，並不是品質或價格的問題，而是因為經營者的行銷思路沒有戳到消費者的痛點。所以，想要讓產品賣得更好，就一定要搞清楚消費者需要什麼樣的產品，而不是自己想賣什麼樣的產品。對於任何店家而言，消費者的需求才是需要關心的。

它是什麼？跟我有什麼關係？我為什麼要買它？如何使用？別人怎麼看待？可以推薦給誰？買給誰用？憑什麼相信它？解決我甚麼問題？

要瞭解消費者的需求，就應當跳出行業的思維開發產品。

很多時候，以專業眼光去開發產品，會限制行銷思維。例如賣滷菜的門市，如果以專業眼光去開發產品，很可能就只針對味道和食材，但未必能夠開發出消費者最需要的產品。

相反地，換一種眼光去開發產品，例如久久丫只加一根竹籤，不僅成功解決消費者的痛點，還帶來更好的體驗。這樣的產品更滿足消費者的需求，激發消費者的購買欲望。

所以，經營者如果只會閉門造車開發狹義的產品，就是緣木求魚，離成功越來越遠。這也是很多許多經營者常抱怨「為什麼我的產品比別人的產品好，卻賣不過別人」的關鍵原因。

總而言之，對門市經營者而言，要想把產品賣得更好，就要學會從廣義上理解產品，要了解整個服務體驗都屬於產品的一部分。畢竟產品的銷量離不開市場，離不開消費者，離不開行銷思維的創新。

老闆眼中的產品

技術優勢專利

原料優勢

品牌優勢

品牌歷史

更好的品質控管

更能滿足需求

更好的過程管理

更好的團隊

更多的管道

更多的供應鏈

消費者眼中的產品

它是什麼？

跟我有什麼關係？

解決我什麼問題？

我為什麼要買它？

憑什麼相信它？

憑什麼賣這個價格？

買給誰用？

如何使用？

可以推薦給誰？

別人怎麼看待？

▲ 圖 1-7　老板眼中的產品 vs. 消費者眼中的產品

第 **2** 章

如何從 0 到 1，
教你開一家會賺錢的店！

2-01

不是每一種專案
都值得投入

　　網路時代是一個快速變化的時代，有很多專案誕生，也有很多專案衰亡。因此在啟動一個專案之前，一定要慎重考慮是否值得啟動。我曾在「腦細胞」的社群分享過一個案例。

　　在廣州萬達廣場的地下停車場，「人人車公司」安裝了很多投影燈廣告（類似實體店在地上投影 logo 的效果）。不同的是，這家公司是把投影投在車的引擎蓋上，投影的文字也非常俏皮。放眼望去，整個停車場的車的引擎蓋上，都是有趣的文案，看上去非常有新鮮感。

　　很多網友紛紛拍照，很快就傳播到網路上，吸引了更多人。有一位老闆說：「這個創意太好了值得借鑒，我準備拿下當地所有的停車場，然後安裝這樣的投影設備賣廣告位。」
　　我向這位老闆回饋這個專案不太可行，因為即便他能花錢

拿下那麼多停車場，也沒有現成的廣告主資源，虧損的機率很高。換句話說，對這位老闆來說，這個專案不值得啟動。

另一位老闆立即反駁我說：「我非常看好這個專案，很多人沒有見過這種投影一定很好奇。不過賣廣告位可能不可靠，不如去實體店幫門市安裝賺取安裝費。假設一家店收 2 千元，一條街有四五家店安裝，收入就能破萬。」

我非常贊同第二位老闆的想法，他評估了這個專案在當地的市場，沒有照搬而是升級——賺取安裝費。那麼，這個專案對他來說就非常值得啟動。

為什麼一會說這個專案不值得啟動，一會兒又說值得啟動呢？

很多時候同一個專案，也許對你來說是值得啟動的，但是對別人來說未必值得啟動。一個專案是不是值得啟動，並不能只看在市場上是不是受歡迎，而是要綜合各種因素對專案進行前景預判和分析，以明確這個專案的可行性。關於預判和分析的具體策略、方法，將在後面的章節中詳細闡述。

2-02

用「歷史的縫隙」
找出前景

　　選專案不能只看這個專案現在好不好，而是要看它未來的市場空間是否夠大、是否可標準化量產、是否有專業的競爭壁壘。更重要的是，看你是否能找到歷史的縫隙。

　　歷史的縫隙指歷史的節點、時代的機遇，只要你發現它，提前一點點去那裡「蹲」著，當歷史的車輪駛過，你就會被帶著前進。

　　短影音的崛起對很多行業來說，正是一個「彎道超車」的機會，受眾大多是年輕人，那些客戶是年輕人的公司，可以用有創意的短影音去打造自己的 IP、吸引粉絲，轉化流量。

　　無論什麼行業、市場現狀如何，只要善於觀察，就能找到歷史的縫隙從中脫穎而出。即使能力不足、資源不足，只要找到歷史的縫隙，歷史就會帶著你前進，這就是所謂的「風口」。那麼，我們如何才能找到歷史的縫隙呢？

❖ 在地供應鏈端發力

新零售的三要素是：人、貨、場。之前商家比較重視流量（人），但未來的競爭更是貨的競爭（供應鏈的競爭），很多消費者需要的是高性價比的商品。所以吸引消費者、提升流量的時候，我們應該尋找新的稀缺性資源──好的供應鏈。作為創業者，要想方設法整合更好的供應鏈資源。

雲南文山的一家工廠是雲南白藥的供應商，做了 30 年三七生產和銷售，其經營的核心偏供應鏈，偏企業服務。雖然很多廠家都有直接服務消費者的訴求，但是因為經營模式不同，很難把生意做好。這家藥廠也一樣，之前推出了不少服務消費者的產品，但是都賣得不溫不火，還是服務企業的業務穩定，贏利有保障。

❖ 樸素的消費概念

無印良品也是一個很典型的找到歷史縫隙的品牌，無印良品的本意就是「無品牌」。市場上某些產品存在被過度包裝的情況，例如有時在外賣平台點一份餐點，你會發現包裝非常精緻，既增加企業成本又使消費者覺得浮誇。

實際上，消費者非常希望商家回歸產品的本質，做到品質優良價錢又便宜。無印良品順應了消費者的這種需求，並取得成功。

該品牌的特點之一是極簡：產品拿掉商標，省去不必要的設計，去除不必要的加工工藝和染色，重視材料和功能，形成

獨有的風格——冷淡風。另一個類似無印良品的企業是網易嚴選，該企業非常睿智，它看準變化的趨勢提前做好佈局，正如它的口號：好的生活，沒那麼貴。

隨著消費升級步伐的加快，消費者會更加理智，關注點會回歸產品的本質，樸素類品牌和平台可能更受歡迎。

2-03

用 5 個維度＋ 4 個象限，分析你的生意

　　我的好朋友，也就是《超級演說家》的總策劃王超然有一次來到成都。一起吃飯的時候，他說他想到一個非常好玩的專案——賣氣球。

　　他有一個學生的父親自己開廠，做了 30 年的氣球生意，成為全球銷量第一的氣球公司。後來子承父業，該學生開始幫父親拓展國際市場，還成立了自己的貿易公司，每年僅出口就能賣出 50 多億顆氣球，為 29 個國家和地區供貨。

　　該學生並沒有滿足於現狀，他想把傳統的氣球貿易、氣球生產變得更有趣、更符合年輕人需求。於是，王超然給他一個建議，讓他從賣產品轉變為賣場景。因此，一個新專案誕生了——開個瓜氣球。

　　「開個瓜氣球」專案其實非常簡單，類似於共用行動電玩。當客人掃碼支付後（不同場景價格不一樣，最低為 38 元，價格由代理商自己和酒吧老闆商量後在系統後台設置），讓

12 個氣球同時自動打氣。如果是在酒吧、KTV 這樣的場景，客人可以像抽籤一樣，自己選一個氣球，然後把氣球戳破。氣球戳破後裡面會出現一張小紙條，小紙條上面有各種有趣的任務。

這個任務有不同級別，分別用「微辣」「中辣」「特辣」來區分。「微辣」是比較溫柔的任務，例如不能說出你、我、他這三個字的遊戲，如果有人說了，就要罰喝一杯酒；「中辣」和「特辣」的任務難度依次提升。專案內測期間，基本上每桌的客人都會連續玩兩次以上。

王超然說完這個故事後，我居然激動地拿起桌上的蠔油跟他乾杯，然後我成了這個專案的合夥人。

為什麼我看好這個專案？下面我來仔細分析。無論什麼專案，你都可以用以下這套邏輯來分析、判斷它是不是一個好的專案，是不是一個值得啟動的專案。

❖ 專案分析的 5 個維度

一般情況下，我們可以從以下 5 個維度去分析一個專案的價值。

第一個維度：賺誰的錢

此專案的有 3 個相關者。一是酒吧或 KTV 老闆，酒吧或 KTV 老闆自然很喜歡這個專案，因為可以促進酒水消費，而且設備不需要他花錢買，是代理商買好後放在店裡的。

二是消費者。如果消費者花 38 元買的只是氣球，那麼他

一定認為這個氣球很貴。但是，如果花 38 元買到的是社交工具、是開心，那麼即便花 200 元，他也會覺得值得。

三是代理商。這個專案本身就不錯，公司可以自己組建銷售團隊去開拓市場。但是，此專案的核心競爭力是速度，所以一定要有代理商加入，才可以以最快速度開拓更多的酒吧或 KTV，這才是正確的市場策略。成為最低級別的代理商門檻也不高，只需要 9800 元，要做的工作就是去開拓更多酒吧或 KTV。

代理商可以獲得長期收益，因為長期放在酒吧或 KTV 裡的只有充氣設備，而氣球是消耗品，只要長期消耗就有長期收益，代理商自然願意代理這樣的專案。

所以這是個三方共贏的專案，市場有需求談合作不難，也不需要太多的培訓、學習成本。因此，我判定這是一個有發展潛力的項目。

第二個維度：供應鏈（產品）是否穩定

考量一個專案的供應鏈（產品）是否穩定，其實就是考察一個專案的產品品質好不好、發貨速度快不快、產品創新反覆運算的研發能力怎麼樣等等。

「開個瓜氣球」這個專案的供應鏈端是有 30 年歷史的氣球製造商，氣球廠的工人有 700 多名，而且生產工藝達到了行業標準，所以產品有保障。

第三個維度：市場規模如何，是否可持續經營

有一個在三線城市的代理商，僅用半年時間就開拓 120 多

家酒吧或 KTV，由此可見這個專案的市場規模還是相當大的。

另外這個專案的設計也很巧妙，有點類似飲水機邏輯——把給氣球打氣的設備裝到酒吧裡，但主要是靠賣氣球來贏利。所以，其實就是一個在剛需的場景下賣快銷品的邏輯。

為了研究這個邏輯，我還特地算了一筆帳。假設一個酒吧每天只有 3 桌人玩這個遊戲，每桌只玩 2 次，相當於一個酒吧一晚上可以消耗 6 次（北京、天津、上海、成都、唐山等地現場實測的數據，每天一個酒吧平均可以消耗 15 次），按照最低零售價 38 元來算，38×6=228 元。一個酒吧每天可以經由這個專案多創造 228 元的收益（幾乎零成本）。所以，從收益上看這個專案也是非常不錯的。

第四個維度：團隊是否可靠、健全

這個專案無論行銷戰略和資源，以及供應鏈、產品、資金和宣傳等，都由專人負責。所以，這個團隊是可靠、健全的。

第五個維度：專案的門檻如何

這個項目關鍵的門檻，不是技術和創意上的產品門檻，而是市場窗口期。我們設計這個專案花了大半年的時間，單是 3D 列印模型就花了 30 萬元，而且設計師還是專門從事這些事的人。

所以如果同行要模仿，產品研發至少要花半年時間。此外，這個專案比的是開拓市場的速度，要搶佔酒吧或 KTV，因為要簽署排他協議。如果酒吧或 KTV 的老闆違反協議，是要賠違約金給代理商的。也就是說競品研發出來時，可能已經

沒有市場了。當然，產品也有門檻，這個專案已經拿下了 10 多個專利。

　　這個案例的核心，是如何從團隊、場景、消費者學習成本等多個維度，去思考專案是不是有價值。任何一個專案開啟之前，都要從以上 5 個維度分析，重要性不分先後，都必須詳實。

❖ 專案分析的四象限圖

　　做專案分析，除了要考慮以上 5 個維度，還要掌握專案分析的四象限法。

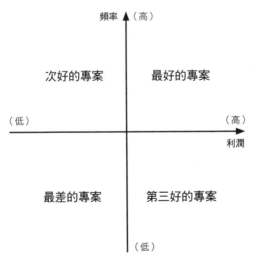

▲ 圖 2-1　專案分析的四個象限

很多人判斷一個專案好壞的標準，是某專案的產品好不好，或某專案的模式好不好。其實，這些都只是低維度的判斷標準，判斷一個專案好壞的維度，應該是頻率和利潤。

最好的專案是高頻率、高利潤的專案。高頻率代表有複購，如果同時利潤又高，就是非常賺錢的項目了，比如和水電、化妝品等有關的專案。

次好的專案是高頻率、低利潤的專案。雖然每一單利潤低，但是量大、複購頻率高，也是好專案。

第三好的專案是低頻率、高利潤的專案。頻率低的專案利潤一定得高，一次性就要實現贏利，不然一定會虧本。比如和古董、藝術品、裝修等有關的專案。

最差的專案是低頻率、低利潤的專案。這種專案就不值得啟動。整體來說，頻率是比利潤更重要的一個評價維度。

2-04

合夥做生意的眉眉角角

　　創業專案一般都會建立專案團隊，找合適的合夥人一起做。這個時候，創業者遇到的最多的問題就是——合夥生意應該怎麼做？

　　創業者 C 跟朋友 D 在北京合夥開了一家服裝店，店裡的服飾都是 C 設計的原創作品。C 之所以跟 D 合夥開店，是因為這是她第一次創業，經驗少又資金不足。一段時間後彼此感覺都不錯，合作得非常愉快。

　　後來她們註冊了一個商標，為求方便，在 D 幾年前註冊的公司旗下註冊品牌商標。此後又做了微信小程式的線上購物平台，是 D 找同學做的。線上平台的產品有店裡的服裝，還有 D 的先生店裡的精選產品。

　　因為 C 會做 UI（user interface，使用者介面）設計，所以小程式後期產品的頁面設計是由 C 完成，但公司沒有支付設

計費用，因此 C 很糾結小程式完成之後，兩個人的利潤如何分配。從長遠考慮，C 想擬一份合作協定，避免兩個人出現利益糾紛。但是她不知道這樣做是否行得通，或者是否有更好的合作方式。

對於 C 的問題，我的建議主要有兩點。

第一，把商標轉到 C 和 D 成立的新公司裡。

第二，不同角色算不同的帳。C 扮演了多重角色，是股東也是員工。這其實是很正常的一種現象，而且這個問題也很好解決，就是不同的角色算不同的帳。

C 做頁面設計的部分，如果她有工資，那設計費就用工資來結算；如果她沒有工資只有分紅，相當於公司把設計業務外包給她做，她可以收費也可以免費。單個股東的利益不是一刀兩面的，扮演員工角色的時候賺工資，扮演股東角色的時候賺分紅，扮演外包業務角色的時候賺兼職的費用。

實際上這個案例中的核心問題是：合夥生意怎麼做？做合夥生意的關鍵問題其實是分紅設置，只有分紅設置合理了，合夥人之間才不會出現利益糾紛，合夥生意才能順利進行。那麼，什麼樣的分紅設置才是合理的呢？

我成立第一家公司的時候特別糾結，不知道怎麼設置分紅才合理。公司的主營業務是網站設計，沒有什麼硬體投入，電腦是合夥人自己的。此外，因為在自己住的租屋裡辦公，相當於沒有辦公室的房租成本。所以，整個專案並不需要投入太多資金，那到底該給合夥人多少分紅呢？

當時的我想得特別多、特別遠，例如，未來若發展成全國最大的網站設計公司，現在如果平分收益，會不會影響公司方向性的決策？萬一公司上市或者被併購了，自己會不會虧？如果我要 90% 的收益，只留給其他合夥人 10% 的收益，他們會不會不同意、會不會心理不平衡，甚至直接不幹了？最後，礙口識羞的我，還是採用了平分法分配收益。

估計很多人對此深有同感，無論給別人多少收益、給自己留多少，都會沒有安全感，怕自己最後被別人拖累「出局」，或公司發展沒有照自己規劃的方向走，到後來做得不開心，甚至到最後就不想做了。

❖ 股權如何分配？

股權最重要的意義就是控制權。如何理解這句話呢？例如，你的公司賣球鞋，發展不錯也賺了不少錢。現在房地產生意看好，那你的公司要不要投資房地產行業呢？這時，控制權的價值就體現出來了。

再如，現在有一個投資者想投資你的公司，到底要不要接受這個投資，用多少股份換多少融資額比較合適呢？控制權的意義在這個時候就顯得尤為重要。

尤其是一些創業者想建立自己的「商業王國」，控制權的意義就更大了。大股東的控制權，體現在他可以只留下養活家庭的工資，將其餘所有的分紅都分給別人，但是這個公司往哪個方向發展，必須自己說了算。

那麼由誰來當擁有控制權的大股東呢？我建議誰率頭這個專案，就由誰當大股東。

需要注意的是，純財務投資人不是合夥人。他們在公司裡不會做太多的事情，甚至連兼職都算不上。簡單地說他們只出資金，對於這樣的股東，估值可以不一樣。

例如開一間店有兩個股東，一個是純財務投資人，一個是做事的合夥人。其實，初期的實際投資只需要 10 萬元，但專案估值能到 100 萬元，所以財務投資人投 7 萬元進公司，實際就只能佔 7% 的股份。要知道，這個時代不缺投資人的資金，更缺具體做事情的人。

❖ 哪種人適合當股東？

很多創業者還有一個很大的困惑，到底哪種人適合當股東呢？答案很簡單，具有不可替代性的人才適合當股東。

創業初期，合夥人最好找技能互補的人。例如，懂行銷和懂產品的兩個人，就比較適合當合夥人。如果兩個創業者都是做美工設計的，那最好不要建立合夥人關係。如果和你擁有同樣技能的人，想要加入你的創業團隊，你可以給他高工資、高獎金或者期權，但儘量不要給他實實在在的股份。

❖ 如何變更別人的股份？

有人曾告訴我：「股份其實就是一個數字遊戲。」我當時不理解，後來終於慢慢明白了。股份的確就是一個數字遊戲，

重要也不重要。假設你現在的專案木已成舟，即使股權設置得很不合理，也沒有太大關係，因為有太多合理的方法可以優化，如重新進行控制權變更。

例如，公司有 3 個股份平分的股東，如果公司的決策效率變低了，那麼可以簽署一份「一致行動人」協議，把投票權合併到主要經營者的手上。這樣不但能解決控制權的問題，而且如果有投資者介入，看到這個公司有唯一的、實際的控制人，公司被投資的機率也會大一點。

例如包括我在內的老枝花滷 3 位創始人，一開始覺得老枝花滷只是一門小生意，所以以分紅為主，3 個人平分股份。但是，隨著企業的發展和投資者介入，股份平分顯得不合理且危險。於是，3 個人簽了一份一致行動人協議，將投票權匯總給專案執行人，此後合作關係非常好。

總之，所有的辦法都不是背地裡解決問題，而是將問題擺在檯面上解決。有太多有法律依據的辦法、有事實依據的行規，可以用來解決這些股權上的歷史遺留問題。

2-05

把模式「做輕」，不要想得太複雜

　　以前經常聽人說：「走，我們去人擠人的地方才熱鬧。」現在卻常聽人說：「我想早點回家睡覺，想靜一靜。」以前家裡的裝潢講究豪華，現在卻講究簡約。

　　這是一個資訊爆炸的時代，生活、工作節奏很快壓力很大，所以大多數人都有追求輕鬆、輕盈的心理偏好。「輕」是這個時代人們的嚮往，所以，我們一定要把品牌、產品、團隊等「做輕」，這更符合時代的需求。

　　有一家專門做形象管理的機構，主要是根據個人不同的氣質做整體形象管理，讓顧客學會在不同場合搭配不同衣服，穿出自己的品位。此外，他們還提供形象打造、衣櫥管理、購物陪同等服務。

　　這家培訓機構的學費從 1 千元到 2 萬元不等。例如，提升個人形象的課程學費是 6800 元，學習時長是 4 天；形象管理

的課程學費是 16800 元，學習時長是 20 天。經營過程中，他們遇到了招生困難、複購率低等問題。

我建議這家培訓機構不要把價格定得太高，把模式「做輕」。例如以低價 99 元的課程吸引更多流量，建立起自己的社群；經由直播、影片等方式網上教學。打通三四線城市的市場，招生的機會就會增加，而且我判斷未來 10 年的商業機會會在小城市。

很多人啟動一個專案的時候，總是想得很複雜，也把專案做得很複雜。實際上在網路時代，把專案「做輕」也能成功。

如何將專案「做輕」？可以從時間和份量入手。例如，蜂蜜這種產品給消費者的感覺是很「重」的。很多人買回一大罐蜂蜜，要找一隻杓子，還要煮好水調配才能喝，這樣的產品就會給消費者帶來「重」的感覺。如何把這樣的傳統專案「做輕」呢？

有一個品牌叫「等蜂來」，主營蜂蜜，主打的是快消品市場。該品牌把蜂蜜裝進類似芥末管的塑膠管裡出售，消費者出門上班前會順手拿幾管，上班期間擠一點出來，用公司的飲水機沖溫水喝就好，這種體驗就完全不一樣了。

早上起床煮水喝泡蜂蜜，給人的感覺是「重」，上班期間隨時用飲水機泡蜂蜜喝，給人的感覺是「輕」。大罐裝的蜂蜜給人的感覺是「重」，小軟管裝的蜂蜜給人的感覺是「輕」。這就是從時間和份量入手，把專案「做輕」。

2-06

產品創新 & 品牌創新，兩條路可以一起走

　　專案啟動後需要對其進行推廣，才能吸引流量、獲得市場。那麼如何去推廣專案呢？我的建議是產品和品牌兩條路一起走。

　　有一家做工業自動化的企業，在經營過程中遇到的最大問題是，企業費盡九牛二虎之力研發出來的新產品，整體性能指標不比進口的同類產品差，價格還便宜很多，但始終得不到消費者的信任，常常被拒之門外。最後，該企業不得不採取免費試用，甚至是無償贈送的辦法，推銷自己的創新產品。

　　實際上，因創新產品賣不出去而失敗的例子並不少見。很多企業似乎處於兩難的境地——不創新害怕被淘汰，創新又害怕風險。但是我始終認為，產品創新是每個企業必須要堅持做的事情，因為我們生活在一個快速變化的時代，如果不創新必然會被時代淘汰。

　　但僅僅產品創新不夠，我們還要注重品牌創新。俗話說

「酒香不怕巷子深」，但事實上，酒香也怕巷子深。「大贏於勢，中贏於道，小贏於術」，就算有好的產品，閉門造車也是行不通的，還應該做好品牌，這方面小米公司做得很好。

小米手機誕生後，國產手機受到市場熱烈歡迎，消費者甚至有了國貨情懷。消費者之所以改變認知，是因為小米公司在「道」和「勢」的層面贏了。小米公司以消費者為中心，行銷和品牌都做得非常好，所以給消費者的感覺是產品不錯。從本質上說，小米公司已經從賣產品升級為賣品牌。

很多人認為產品和品牌兩條路一起走並不容易，尤其在品牌沒有知名度的時候，但是產品和品牌兩條路一起走也並非做不到。如何在不知名的時候打造自己的品牌？我們以小米公司為例進行詳細分析。

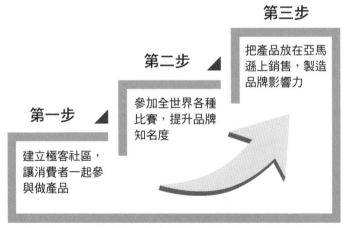

▲ 圖 2-2　小米公司用三步驟打造自己的品牌

第一步：建立極客社區，讓消費者一起參與做產品。除了可獲取消費者對產品提出的關鍵性意見外，還可以將這個事件打造成具備傳播性的品牌故事，影響更多消費者。

第二步：參加全世界的各種比賽，提升品牌知名度。在該品牌還沒有知名度的時候，小米公司積極參加各種比賽。參加比賽獲獎能夠被認可，媒體會報導公司產品，這種報導對品牌打開知名度產生重要影響。

第三步：把產品放在亞馬遜上銷售，塑造品牌影響力。這樣做的目的是用國際消費者的認可和背書做宣傳，塑造品牌影響力。

經由以上三步，小米的品牌影響力逐漸增加。其他行業同樣可以借鑑小米公司推廣產品的方法，賣產品也賣品牌，產品和品牌兩條路一起走。

2-07

選一個重心發展就好

　　行銷分為兩個部分——營和銷。營就是做品牌、做聲量、做影響力，求名；銷就是做轉化、做銷售、做利潤，求利。線上和線下都包含這兩個部分，但名和利之中求一個就好，如果兩者都求很可能會出問題，最終什麼都得不到。

　　當然，這並不意味著我們只能做線上電商或線下實體店，對於大部分行業來說，同時經營線上電商和線下實體店是可行的。但我們不能以同樣的投入，去發展線上電商和線下實體店，選定一個重心去發展更容易見效。

　　我早些年做的「老枝花滷」品牌，在很多人看來這是一個電商品牌，因為它有淘寶店和天貓店。但實際上，那只是在初期的時候給大家留下的印象，真正賺取利潤的是線下實體店。

　　雖然「老枝花滷」的電商銷量不錯，但是線上團隊的工資高、運費高，退換貨、包裝、引流等成本都比較高，導致線上

的總成本遠高於線下。整體計算後，線上並不能賺取利潤甚至會虧損。

那麼為什麼不砍掉電商板塊呢？因為一旦「老枝花滷」初期沒有電商板塊，就和一般的滷菜實體店沒有區別了，也就不可能吸引全國多家媒體免費報導，為品牌造勢。

另外，電商可以讓消費者提前體驗跨空間，就此收集很多數據，如消費者的城市、社區、喜好等。線下開實體店的選址就有數據支援，進而確保實體店一開業就有一定流量，更利於實體店存活。所以，此品牌的發展重心是線下實體店。

我曾經嘗試同時發展「老枝花滷」電商和實體店，但結果很不理想。因為線下產品線遵循餐飲邏輯，要求的是新鮮；而線上產品線遵循預包裝的零食邏輯，要求的是保鮮期限。若同時進行這兩個完全不同的產品線邏輯，管理上會讓創業初期的團隊付出慘重的代價。

線上、線下的團隊也不同，很難在同一種企業文化下融合，最明顯的差別就是薪資體系不一樣，這就增加了企業的管理難度和成本。所以在「老枝花滷」這個專案中，發展的重心是線下，求利；線上只做品牌，求名。因此我建議企業在創業初期，最好選定一個重心發展，另一個作為配合就好。

2-08

找一個主打定位，
再切入市場

　　找一個主打定位切入市場是非常關鍵的，找錯市場切入點，後面就會面臨很多問題，甚至會導致專案失敗。

　　從行銷的角度和投資的角度來看，有的專案本身就存在很大問題，即服務品類過多，會導致一開始啟動時，很難找到市場切入點。

　　因為品類過多，會稀釋消費者對品牌的認知，不知道哪一個品類比較好。也許你會說：「我們在很多方面都擅長」，但這對消費者來說沒有說服力。

　　所以，新項目還是儘量找到一個主打定位，才能讓消費者產生強烈記憶，什麼都做的最終結果很可能是什麼都得不到。

2-09

「意見領袖」的分享，
比花錢宣傳有用

專案啟動比較簡單、有效的方式之一，就是讓意見領袖發聲。

廣州市有一家代理德國潤滑油的公司，主要銷售德國歐索潤滑油和汽車保養產品，走中高端汽車保養路線，銷售管道是各縣市代理商和汽修廠，廣告詞是「動力不足，歐索修復」和「汽車動力不足，用歐索潤滑油」。

從 2013 年到 2016 年年底，該公司一共投入 5 百萬元，主要用於廣告宣傳和扶持代理商，但一直沒有贏利。直到 2017 年時，每個月銷售額在 30 萬元左右，雖然如此但是銷量很難提升。

這家公司走的是中高端汽車保養路線，更好的啟動方式是去汽車社群尋找達人，讓意見領袖發聲。公司可以採取付傭金

或者銷量分成的合作方式，讓大量的達人去宣傳潤滑油優點，做各種評測、線上宣傳，這個品牌的影響力就會慢慢提升。

那麼，如何尋找意見領袖呢？其實，有時候意見領袖並不一定是某個領域的達人，身邊的一般消費者也可以是意見領袖。

電視上的某些廣告高喊著「買一送一」或「只賣 998 元」，很多人看了第一反應是轉台，所以廣告的效果特別差。惠康超市決定向購物者求助，把一輛卡車改造成廣告錄音室，讓消費者來製作惠康超市的廣告。例如，讓消費者站在話筒前喊：「哇！超柔面巾紙 2 件 58 元，快來買吧！」

一般來說門店做活動時，如果是用喇叭大聲宣傳商品優點，消費者很難產生認同感，也很難產生購買的欲望。惠康超市讓消費者幫忙喊出廣告語的想法，就非常有趣而且吸引力很大，消費者的體驗也很好。這不僅讓廣告深入消費者的大腦，還會讓他們產生一種信任感，覺得自己和產品建立聯繫，拉近消費者和產品的距離。

整場活動下來，消費者對惠康超市的品牌好感度增加 23%，廣告在網路上引起 3 百萬人關注，獲得超過 2600 萬次的媒體曝光量，特色產品銷量增長 500% 以上。

惠康超市之所以能取得如此驚人的效果，正是因為找到合適的人來當意見領袖。這個意見領袖並不是某領域的達人，而是一般消費者。

其他門市也可以把這種讓消費者喊出廣告語或打折資訊的

方式用在活動中，例如，超市的打折活動除了發傳單，還可以在店門口擺一個大喇叭，讓消費者在店門口喊：「○○超市大減價啦！優酪乳 10 元 3 瓶，我剛買的。」喊完這段廣告語的消費者就可以享有折扣。餐館、乾洗店等很多門市，都可以採用這種方式。

小 E 經營一家美妝店，主要銷售護膚產品。她向我諮詢，想請美妝達人代言店裡的產品，但是考慮到資金問題，所以難度比較高。我當時給她的建議是，與其投入大量資金請美妝達人代言產品，不如讓一般女性或代理商來錄製短片。

為了呈現出護膚產品的功效，可以讓代言人素顏錄製視影片，說出各自的職業、年齡，然後說：「雖然我是素顏，但我很有自信，我推薦這個產品。」

除了讓消費者喊廣告語和打折資訊，還可以讓消費者寫推薦文。例如，奶茶店可以設置一個留言板，假設我買了奶茶後留言：「環球中心腦細胞的高臻臻推薦」。消費者通常願意參與這種活動，也很願意將貼紙拍照發到群組，便能形成口碑效應。

案例 1

能見度低的市場如何低成本行銷

　　小 F 準備創業，開一家汽車美容店，主打產品是汽車液體玻璃。汽車液體玻璃屬於一種新產品，它的賣點是高硬度、高亮度、抗氧化、防劃，比起同類的鍍晶、貼膜等產品，價格低、疏水性好、保持時間久。

　　這種產品在小 F 的城市沒有實體店，屬於一個空白市場。所以小 F 想和洗車店合作啟動專案，既可以為洗車店引流，也可以省去租場地的費用。

　　小 F 的想法有點空泛，因為這個世界不缺好產品，更不缺新產品，賣不出去的新產品比老產品多得多。所以，啟動一個專案的邏輯，應該是先找到種子顧客後再投入，而不是先確定產品再想著怎麼去銷售。

　　我的建議是先找 10 家左右洗車店溝通合作，瞭解一下洗車店老闆的想法和思路。此外，小 F 也可以先以最便宜的價格，買 3 台車的液體玻璃去銷售。如果銷售成功，就要研究顧客的真實需求是什麼；如果銷售不出去，就要研究銷售不出去的原因是什麼。只有這樣做，才能確定一個專案是否值得啟動。

案例 2

訂單型專案如何低成本行銷

我有一位從事家裝設計的朋友，主營精裝房裝修業務，智慧城市概念興起時，他將機器人元素加入精裝房設計，以打造智慧家居的生活理念。雖然房價不變，但是裝修費可以根據實際投入調整，就可以在一定程度上增加開發商的利潤。

方案推出後，很多開發商和我的朋友簽合約，合約總金額高達 3 億元。但這時我的朋友沒有任何相關設備，也就是說，簽了合約並收到定金後，他才開始找技術成熟的機器、智慧家裝廠商進貨。

如果一個專案不是訂單型專案，那就是在賭是否會贏。什麼是訂單型專案？以上的專案就是一個訂單型專案，專案還沒有正式啟動就已經有 3 億元的訂單合約。

可能有人會說這樣的專案一般人碰不到，實際上並非如此，這個專案的核心邏輯適合大多數行業、大多數人。如何在啟動之前，就把自己的專案打造成訂單型專案？我總結以下六點。

第一，先做一個「最小可行性產品」的樣品出來。美國作家埃裡克・萊斯（Eric Rise）在其著作《精益創業》中提出一個專業名詞叫 MVP（minimum viable product，最小可行性產品）。理論上，所有的專案都可以設計出「最小可行性產品」去驗證市場，能有效降低創業的風險。這個樣品可以是實物，也可以是圖片樣稿，簡單一點沒有關係，關鍵看樣品是否能滿

足消費者的需求。

第二，不要一開始就想做大量投入的事情。如果能先代理同類型的產品就先做代理商，學會「借船出海」。當銷售管道打開，積累了資源，市場反響不錯的時候，就可以考慮做自己的品牌，以最大限度降低創業的風險。

第三，如果想代理或者加盟一個專案，應該先找品牌方要資料，然後發在社群或者經由其他管道嘗試銷售，瞭解專案的市場反應如何。如果有購買意向的人較多，可以再去找總公司溝通代理或者加盟的事宜。

第四，「磨刀不誤砍柴工」。要想降低專案啟動的風險，就一定要靜下心來先去當「學徒」，去瞭解真實的市場情況怎麼樣、競爭對手最大的問題是什麼，等到自己創業的時候，就可以儘量避免同類問題。

第五，儘量用眾籌、預售的方式，先得到消費者的資金支持。例如，小梅想做一個幼兒繪本租賃的專案，她可以先去一些可以借書的書店，借一些繪本嘗試出租。如果可以租出去並且收到租金，就可以考慮啟動。

第六，先吸引人。採用從消費者需求出發，反向滿足的思路，也就是常說的 C2B2C（customer to business to customer，消費者到企業再到消費者），即消費者經由企業電子商務平台，實現消費者與企業之間、消費者與消費者之間的訊息交流。

例如，有一個老闆建立一個女性社群，從群裡收集大家想要的產品，並在群裡眾籌，然後去找可以開發這個產品的廠商生產，再依託現有的銷售模式，讓群友銷售。

這樣做有兩個好處：一是大家會較主動、積極去做這件事；二是因為是群友自己想要的產品，所以可以打消銷售顧慮。不同社群、不同的流量資源，做法都是類似的。

總之，要先去驗證市場，考察市場的反應，找到第一波購買產品的種子顧客，再考慮啟動專案。

案例 3

社群型專案如何低成本行銷

有位媽媽對母乳餵養很有經驗，於是開發母乳餵養的課程。這個專案的弊端是顧客幾乎不會複購，而且壁壘低。

於是她開始做媽媽社群，希望可以做一個全面、系統的育兒課程。但她不知道該打造什麼樣的人設才能更吸引人，是「專家」還是「媽媽」，是做免費社群還是做付費社群？

我的建議主要有兩點。

第一，初期打造個人 IP，提高自己的行業地位和專業度。如果又是媽媽又是專家效果會更好，不過從過往案例來看，媽媽身分的成功率，比專家身分的成功率高。

第二，付費社群和免費社群都要做。付費社群和免費社群最大的區別，就是社群負責人的責任心。付費社群需要負責人投入大量的時間、精力，特別是運營初期，必須解決社群成員的問題，而且還要非常注重社群氛圍的維護。

免費社群的負責人，雖然可以不用特別花精力去經營，但

是活躍度一般很難超過一個月。

　　一般來說，免費社群是用來給付費社群導流的，運營者可以考慮設置群解散的功能，製造一種緊迫感、價值感，將顧客往付費社群引導，在付費社群做顧客沉澱。因此，做免費社群還是做付費社群，需要結合自己的專案特點和顧客需求而定。

案例 4

單身族群的專案如何低成本行銷

　　有個餐飲品牌共有 4 家連鎖店，線上有 5 個顧客群組，約兩千人。為了進一步引導流量，老闆想以自助餐的形式，做一場「雙十一」的單身派對。

　　老闆的具體想法，是在微信群裡告知顧客單身派對的消息，讓顧客提前預約。他們會在派對現場準備跟某品牌合作的白酒，酒瓶上的空白處，開放給參加者在上面寫上想說的話。如果當晚有顧客通過這種形式「脫單」，就可以免費獲得 88 瓶白酒。但是每次只能領 8 瓶，因此分 10 次才能領完，以此來引導顧客再次消費。

　　如果該餐飲品牌的顧客微信群氛圍不錯，我建議把電視相親節目的模式搬到線下的餐飲店。線下活動可以按照節目中的流程進行，但為了減少成本，可以把道具變一變，具體做法如下。

　　（1）男女青年分別抽取號碼，以號碼為準匹配，然後進行 8 分鐘交談。

（2）8分鐘後，男青年們按順序交換位置，女青年們位置不變，進行下一輪8分鐘交談。

（3）交談過程中，如果有人遇到心儀的對象，可以將對方的編號記在餐飲店發放的小紙條上（每人限寫2個），活動結束後，餐飲店會告知互相吸引的雙方聯繫方式。

（4）交談過程中不可詢問對方的真實姓名、聯繫方式、詳細位址等，不可詢問對方是否願意單獨約會，不可有不文明言行。

（5）活動中和心儀對象成功配對者，可以獲得獎勵。

以上的活動方式比較簡單、實操性強。此外，還可以以酒或飲料為道具，進行一些暖場活動。

案例 5

小吃類餐飲店，這樣做客源分析

有一家特色小吃店，主營手工酸辣粉、涼麵、紅豆湯、冷飲等，賣最好的是酸辣粉，小吃店每天的營業額是3千到4千元。

這家店已經開業3年，地點在一個十字路口，而且是在兩所學校之間，人流量不錯，口碑也很不錯。據老闆統計，這家店的顧客以女性為主，年齡在25～40歲。

但按地理位置來說，這家店顧客的年齡應該在15～20歲，學生是該店的目標客源。所以，老闆想經由一些行銷方法，來抓住更多的15～20歲的顧客。

　　我不太認同這家店的老闆的想法，我認為：顧客選擇你的重要性，大於你選擇顧客的重要性。所以，他要做的是優化產品，留住店裡的顧客，而不是搶佔 15 至 20 歲的顧客。

　　實際上，我很看好偏小吃類餐飲店的市場前景，主要原因有以下 4 點。

　　第一，餐飲業一直在洗牌，不適合從事餐飲行業者會慢慢被淘汰，留下的都是有很強的餐飲運營能力的團隊。在這樣的環境下，餐飲行業可以實現可持續發展。

　　第二，隨著收銀系統、平台規範化，資本也在逐漸進入餐飲業。

　　第三，相對來說，餐飲業是為數不多的可以對抗通貨膨帳的行業之一，因為餐飲業比較容易根據食材成本上漲而提高價格。

　　第四，市場還沒有太多像麥當勞、肯德基這樣的大型餐飲連鎖品牌，小吃最有可能成為這方面的「獨角獸」，因為小吃的經營成本低、產品售價低、食物製作流程標準化。

第 3 章

品牌想脫穎而出，
該如何找到創新的切入點？

3-01

資金不多，就利用小眾風格 包裝你的產品

　　商業社會中競爭越來越激烈，產品同質化現象越來越嚴重，品牌差異化越來越模糊，同行都是在「紅海」中互相競爭，經營者過得很沒有安全感。半個多世紀以來，主流的品牌行銷邏輯是基於產品的，但是產品從品質、功能上來說，卻越來越趨同。

　　另一方面，需求越來越碎片化，越來越多樣化，和產品越來越統一化形成了鮮明的對比。因此要創新，可以從關注文化，特別是亞文化人群的喜好來切入。

　　亞文化是「尋求一種小眾的風格」的文化和價值觀。所以小公司、新公司在紅海市場裡因為缺資金、缺資源、缺人才拼不過大公司時，可以從亞文化中尋找商業切入點，打造吸引亞文化人群的品牌。

　　亞文化人群的出現是社會變遷導致的，產生因素可能是經濟發展，也可能是技術變革。

我認為，進行亞文化創新的方法有以下 3 步驟。

第一步，尋找亞文化

首先我們要知道，為什麼要尋找亞文化。一般情況下，大品牌、大企業在主流人群、主流文化中很有競爭優勢，如果我們不像「田忌賽馬」一樣避開它們另闢蹊徑，很難做到四兩撥千斤。

在多元化時代，各種亞文化人群崛起，正是利用亞文化創新的好時代。在大部分行業和市場中，不同品牌產品在功能上都有重疊，因此很少有創新的機會。所以一定要拋棄「工程師思維」，僅僅開發一些新功能是很難成功的，應該從歷史發展的角度來看待自己的品牌。

消費者是經由文化、價值觀來理解、體驗和評價產品的。很多企業都想經由功能、技術創新來超越同行，但是在文化層面上卻又互相模仿。所以，它們推出的行銷方案，都只是對相同的意識形態做細微的改動。

所謂的亞文化，是指圍繞某種意識形態聚合在一起的群體文化，而這種意識形態，和該領域的主流文化是相對應的。亞文化為品牌的文化表達提供很高的可信度，因為亞文化證實了這種意識形態的存在。

小米出現以前，手機品牌商大多定位於音樂手機、拍照手機，沒有一個品牌的定位是為「發燒」而生的手機。

在老枝花滷之前，滷味品牌都在宣傳自己是老字號，沒有人宣傳自己是代表網路時代創業者的「新字號」，老枝花滷背

後的亞文化是「傳統行業擁抱互聯網時代的創新精神」。

在經濟高速發展的背景下，有很多亞文化可以去挖掘和利用。比如慢跑，有的人特別愛跑步，他們覺得跑步是一種歷練，是對營養過剩的回應。很多人跑步並不是為了作秀，而是真正享受這個過程，這個過程讓他們感覺到自己還有活力。對這種慢跑亞文化的價值觀的提煉，能用於運動用品、健身俱樂部、旅遊、酒店等很多行業的亞文化創新。

我經歷過很多次創業，也考察過很多專案，感受最深的就是創業其實就像衝浪，不是努力就能成功，而是你能否選擇到好的海浪，讓浪潮帶著你前行。你需要做的只是在浪潮上保持平衡，可以待更長的時間或選擇下一個正確的浪潮。這個世界上沒有英雄，做企業、做品牌、做行銷一定要從歷史發展的角度來看，從亞文化中找到下一個正確的浪潮。

第二步：創造故事

找到適合自己品牌，顛覆式創新的亞文化以後，還需要提煉該文化的核心價值觀，比如 NIKE 的「個人拼搏意志」，再比如傑克丹尼（Jack Daniels）的威士忌亞文化人群的「拓荒精神」。

只有這些意識形態是遠遠不夠的，因為意識形態只是一種態度。例如在日常生活中，意識形態讓我們快速地做出判斷：哪些事情能做、哪些事情不能做。意識形態只是一面旗幟，不能被直接商業化運用。

所以，我們必須圍繞這個意識形態來挖掘、包裝某個人、

某件事情，讓其成為故事。因為直接跟消費者說意識形態和價值觀，可能很少人能聽得懂，但是講故事大家都能明白。

我把創造故事分為三類。

（1）利用自身的文化資產創造故事

利用文化資產指的是，從公司的創始人等方面創造故事。

例如，傑克丹尼威士忌包裝的故事，就是關於田納西的釀酒工人的，這群工人很有「男子氣概」。萬寶路和傑克‧丹尼處在同一個時代，也利用了類似的亞文化——美國西部的牧場文化，它包裝出來的故事是意志堅強、能力出眾的牛仔們，在荒涼、氣候變化無常的牧場上努力工作、照看羊群。這些案例都把非常難以理解的文化，經由故事變成人人都可以理解、容易產生共鳴的觀念傳達給消費者。

很多品牌的網站上都有一個欄位叫作品牌故事，例如竹編工藝品品牌的故事：技藝是祖輩們傳下來的。但僅有故事還不夠，因為它只是一個故事而已，沒有利用到亞文化的勢能，會顯得有些單薄。若在這個祖傳工藝的故事上加亞文化元素，效果就不一樣了。例如，第七代竹編技藝的傳人是個年輕人，毅然放棄高薪工作，不僅準備傳承這門手藝，還去招收學徒。

故事符合迫切想傳承傳統文化的亞文化群體的精神需求，因為這個年輕人做了大家想做卻不敢做的事，非常有可能吸引到媒體的報導採訪，從而得到廣泛宣傳。

（2）用故事將亞文化擴展到主流文化

但如果品牌一直在亞文化的框架內運作，很可能只成為一個小眾品牌，無法突破銷量的天花板。之前介紹的竹編工藝品

品牌，應該怎麼把祖傳技藝傳承的故事擴展到主流人群呢？

首先，推敲一下竹編工藝品品牌的故事裡，表達了哪些核心價值觀。父輩、祖父輩隨著時間老去，那麼好的一門手藝若失傳非常可惜。想一想，這種心理和現實生活中的哪些事情特別相似？

我第一個想到的是不忘傳統，結合幼兒教育。2008年竹編被列入國家級非物質文化遺產，今日有很多小朋友讀國學、學習傳統文化，呼應之前講的「傳承傳統」故事，經營者可以開發一款竹編的手工「玩具」，只提供材料，玩具需要小朋友自己動手做，比如製作古代的燈籠等。經由竹編讓「文化傳承」實物化，讓孩子們有更深的理解。

廣告投放是要花錢的，而媒體宣傳很多是免費的。在資訊大爆炸的時代，站在風口浪尖的企業，需要一個企業家來演繹故事，他的故事是企業免費的廣告。對於企業來說，「宣傳人」比「宣傳事情」的性價比更高。

（3）沒有人的故事

星巴克最早是將世界各地的好咖啡豆賣給顧客，讓他們自己回家研磨、沖調，但這只能滿足咖啡愛好者的小眾需求，很難擴大成大眾市場的生意。星巴克的創始人霍華德・舒爾茨（Howard Schultz）突破這個天花板的靈感，是來自他的一次義大利之行。

霍華德・舒爾茨在義大利迷上意式蒸餾咖啡。他最初的想法是開一家正宗的意式蒸餾咖啡館，讓大眾不用回家自己動手就能體驗到正宗的意式蒸餾咖啡。為了培養大眾消費者，他改

革得很徹底，甚至把咖啡的味道都改了。

　　因為他發現用正宗義式做出來的咖啡味道太古怪，而且正宗的義式做法對咖啡品種、栽培土壤和種植方法太過於苛刻。它們雖然令咖啡愛好者瘋狂，但大眾還是無法接受，而且產量有天花板，不可能大規模生產。

　　所以，星巴克在咖啡中加入牛奶等其他元素，讓大多數人覺得咖啡好喝，用大量的市場行銷元素來展現精英文化品位。就這樣，大眾感受到高級感的同時，也被產品味道吸引大眾，星巴克慢慢席捲了全球。

　　創作故事是為了讓普通受眾更容易理解品牌，達到擴大消費人群的目的。所以，星巴克這個沒有主角的故事也算故事。

第三步：做好文化表達和文化包裝

　　一個故事想要引起消費者的共鳴，就必須用合適的文化內容來表達，無論電影、實體店的招貼廣告，還是包裝的圖文設計，都必須把之前講的品牌價值觀落地。這類工作一般是由廣告公司來做的，但老闆自己也可以構思，然後交給美編來實現。星巴克從空間設計到產品包裝、衍生品設計等，都在強化星巴克「精緻品味生活」的價值觀。

　　文化創新是一個不確定的事件，但我們可以參考亞文化創新的步驟，讓企業、品牌的發展，踏上文化發展的歷史軌跡，成為某種亞文化中的時勢「英雄」。

3-02

品牌命名的原則——
讓消費者秒懂你

　　管理者問我最多的問題是：如何給品牌命名？品牌命名對企業的發展非常重要需慎重，原則是讓消費者能快速感知，具體表現在 3 個方面，如圖 3-1。

❖ 有正面價值

　　為了吸引流量，很多經營者會取一些非常另類的品牌名，雖然字面上很新穎，但是有一種嘩眾取寵的感覺，消費者未必喜歡。

　　最初，我的公眾號名字叫「高臻臻站著說話不腰痛」，簡稱「高腰痛」。上節目的時候，節目組會給我拿一把椅子當道具，我站在旁邊不坐，以呼應「高臻臻站著說話不腰痛」這個名字。雖然這畫面很有趣，但是事實證明，名字改成「腦細胞」更好。

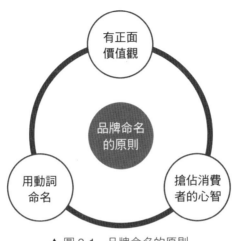

▲ 圖 3-1　品牌命名的原則

　　試想一下如果我們企業做大了，參加正式活動的時候，主持人一本正經地說：「現在有請高臻臻站著說話不腰痛有限公司的 CEO 高臻臻上台」，活動現場豈不是變成了娛樂現場。所以品牌名要正式，要能傳遞正面價值觀。

❖ 搶佔消費者的心智

　　「腦細胞」社群裡有一位賣蜂蜜的老闆，想註冊一個叫蜂人園的名字，理由是蜂人園和瘋人院諧音，容易被消費者記住。對此我強烈反對，主要原因有兩個。

　　第一，瘋人院這個聯想並不正面，對於蜂蜜這樣的健康產品並不適合。

　　第二，這個品牌名沒有突出產品的核心賣點，很難搶佔消

費者的心智。

我問他:「喝蜂蜜的人用戶畫像是什麼樣的,在什麼場景下喝蜂蜜?」他說喝蜂蜜的族群主要是熱衷美容、養生的女性,很多女性會在起床後或睡前喝一杯蜂蜜水。聽完他的描述後,我建議他將品牌名改成「730 早餐蜂蜜」,口號是「730 早餐蜂蜜──一個愛自己的契約」。

我之所以建議取這個名字,是想在消費者大腦中植入一個時間戳記。每天早晨 7 點 30 分,消費者就會自然聯想到這款蜂蜜。長此以往,消費者就會養成每天喝該品牌蜂蜜的習慣。

❖ 用動詞命名

我發現一種現象:品牌名稱含有動詞,一般更容易被記住。例如,有一款飲料叫「尖叫」,有一家火鍋店叫「吼堂」,都容易被消費者記住。

人們看到動詞的時候,大腦中就會不自覺地浮現出畫面,而名詞、形容詞一般達不到這樣強烈的效果。所以,門市經營者為品牌命名的時候,可以考慮加入動詞。

3-03

Slogan 的設計要有方向、有邏輯

Slogan 的意思是標語、口號。一般來說，Slogan 是一句簡短、精練的話，是企業核心理念的濃縮，能夠快速向受眾傳遞品牌的內涵。門市 Slogan 要達到這種效果，就需要在設計時遵循正確的思考方向和邏輯。

❖ Slogan 設計的思考方向

思考方向對了，才能設計出有吸引力、體現公司或店家理念的 Slogan。

有一家燒烤店的 Slogan 設計為「為燒烤而生」，是模仿小米的「為發燒而生」，但市場反響很一般，於是老闆就沒有繼續經營。

我認為小米的 Slogan 風格並不適合燒烤店，小米的 Slogan 主要是為了吸引第一波種子顧客，給他們帶來榮譽感，進而加強顧客關係。但是這對燒烤店來說顯然不合適，因為很少有人會因為喜歡燒烤而成為燒烤店的好友。所以，這家店的 Slogan 設計存在問題，也影響門市流量。

　　因此，我建議重啟專案的時候要重新設計 Slogan，用更簡單、直接的 Slogan，如「我們店最好吃的是排骨，其他的你都不用點」。

　　好的 Slogan 能植入顧客的心智，顧客看到這句 Slogan 後能夠強化對品牌的認知。當然，Slogan 的設計不一定要從產品本身的角度思考，也可以從企業的價值觀、團隊的價值觀、競爭對手等角度思考。關鍵是一定要突出門市的特色、核心理念以吸引顧客。

❖ Slogan 設計的思考邏輯

　　Slogan 設計的思考方向對了，並不意味一定能設計出好的 Slogan，經營者還要遵循 Slogan 設計的思考邏輯。

　　有一家傳統雜貨店名為「超人」，除了銷售常見商品，還提供一些增值服務，如幫忙倒垃圾、換零錢、收送快遞、列印影印、免費借行動電源、免費借雨傘、免費借拖鞋等。這家店還計畫做更多的城市增值業務，如跑腿、送蛋糕等，服務範圍是以社區為中心一公里內，核心銷售服務是線上下單免費、送貨上門。

經營者為了吸引更多流量，想設計一個有趣的 Slogan。老闆想了幾個，如「愛你的就是超人」「有超人就夠了」「送貨就讓超人送」等等，但都不是很滿意。

在我看來，Slogan 的設計一般有 4 步。

| 確定顧客是誰 | 確定品類 | 提取核心優勢 | 整理以上訊息設計Slogan |

▲ 圖 3-2　Slogan 的設計步驟

第一步：確定顧客是誰。用網路或者電話下單買東西的，大部分都是年輕人，老年人很少有這樣的習慣。所以，我們可以確定這家店的大多數顧客是年輕人。

第二步：確定品類。最初我想到的是，為了區別於其他的雜貨店，該店可以用「雜貨店倉庫」這樣的新概念。但顧客對這種新概念的認知不強烈，所以還是用雜貨店的概念和品類比較合適。

第三步：提取核心優勢。顧客的痛點有很多，例如，不想下樓、不想出門，嫌等外賣的時間太久。整理這些訊息後，我們可以提取出近、送貨上門這些解決這些痛點的核心，因此有快（近）和方便（送貨上門）的優勢。

第四步：整理以上訊息 Slogan。例如，「超人先生商店——微信吼一聲，東西免費送上樓」。「吼」這個字能給人一種距離很近的感覺，而且動詞能加深記憶；「上樓」兩個字比送貨上門讓人感覺更親近，更能給顧客一種「我就在你家樓下」的

感覺。整體來說，這個 Slogan 比之前老闆想的那幾個更具吸引力。

　　以上 4 步就是設計 Slogan 的思考邏輯，其他如招牌、宣傳、服務等，都可以圍繞這個邏輯進行思考。此外，Slogan 的設計還需遵循一個思考邏輯：站在巨人的肩膀上。如何理解這句話呢？我們先來看一個案例。

　　有一家叫袁記餃子的門市，主營生鮮餃子、雲吞和麵條。老闆認為「生熟結合模式」有更好的體驗感和適用場景，於是新創立了一個品牌，叫作「藜燒・餃子谷」。

　　「藜」是藜麥的意思，因為藜麥起源於南美安第斯山谷，所以「谷」代表藜麥的起源。老闆用這個名字有兩個原因，一是這家店所用藜麥，其種植地獲得北美和歐盟有機雙認證，該地位於甘肅蘭州；二是原料藜麥和成品餃子生熟結合的新模式，代替原有的單一生食模式，能夠增強顧客的體驗感。這個生熟結合模式已經試點成功，很受顧客歡迎。

　　為了吸引更多的流量，老闆決定設計一個能概括門市特色 Slogan，為「藜享穀物，更有粒量」「戰鬥糧食，內芯強大」「小小藜麥，大有作為」。

　　老闆設計的這幾個 Slogan 幾乎都圍繞「藜麥」兩個字，是為了突出店家的特色，但是「藜麥」這兩個字並不利於門市的宣傳和引流，因為這個詞不受大眾所知，如果 Slogan 要借它的「勢能」，就是犯了一個本末倒置的邏輯錯誤。

　　我為該品牌設計的 Slogan 是「藜麥餃子——餃子皮源自

南美安第斯山谷」。這句 Slogan 裡面的「南美安第斯山谷」就是「巨人的肩膀」，雖然消費者可能對南美安第斯山谷不是很清楚，但是他們會對這個詞語展開想像，會因為好奇而進店消費。

　　利用以上的思考方向和邏輯設計出的 Slogan，只是初級階段。門市還應當根據時代發展和消費者需求的變化，不斷調整和升級 Slogan，順應時代變化，吸引更多的流量。

3-04

用 3 個策略設計 Slogan

　　明確 Slogan 設計的思考方向和邏輯後，如何才能設計出一個合格的 Slogan 呢？接下來我分享 3 個設計 Slogan 的策略。

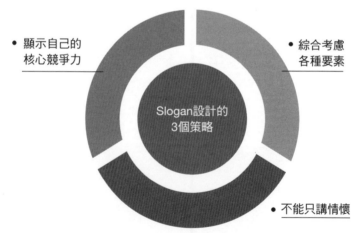

▲ 圖 3-3　Slogan 設計的 3 個策略

❖ 綜合考慮各種要素

　　我認為，品牌名稱必須跟產品的差異化特點、核心團隊的背景深度匹配。

　　「腦細胞」曾經做過一個品牌孵化的專案：甲方是淘寶銷量很高的桌旗品牌「蠟筆派」，消費者對這個品牌產品的評價非常高。但仍然有很多人不知道桌旗是什麼，這成了影響產品銷量的一個關鍵因素。

　　我們經常在電影中看到這樣的鏡頭——一張餐桌上鋪了一塊長長的布條，上面擺放著燭台、水果盤等。這塊布就是桌旗，有了它，整個餐桌都顯得有靈氣。

　　桌旗店的老闆委託「腦細胞」團隊設計一個定位品牌的Slogan，我們設計的 Slogan 是：蠟筆派——軟裝的畫龍點睛。

　　為什麼要用這句話做 Slogan 呢？

　　第一，對於對桌旗沒有很深認知的人來說，他們首先要瞭解的資訊為：桌旗是什麼，以及它的作用是什麼。「軟裝的畫龍點睛」這句話表述的就是桌旗是軟裝飾品，可以讓家看起來更有靈氣。

　　第二，「畫龍點睛」是一個很吸引人的詞語，是在暗示消費者：你新裝潢的家很好但缺少亮點，可以買一張桌旗，完成入住前的最後一步，達到畫龍點睛的家裝效果。

　　第三，新時代的人更注重軟裝，但是對軟裝是什麼並沒有一個明確的概念。這句 Slogan 具象化大家很關心但是無法具

象化的軟裝，因此很容易搶佔消費者的心智，給他們留下深刻的印象。

第四，根據這句 Slogan 可以延展出很多實際的應用。例如，淘寶店上的產品介紹圖片，可以把黑白的、沒有桌旗的照片，轉換為彩色的、有桌旗的照片的對比圖。這種對比圖能讓人有畫龍點睛的感覺，和 Slogan 互相呼應。

實際上，品牌名、Slogan、VI（visual identity，視覺設計）和專案本身、宣傳策略、團隊是一個整體，不應該分開單獨考慮。隨便選一個 Slogan 是極其不負責任的行為，對品牌的發展沒有好處。

❖ 不能只講情懷

不知道從什麼時候起，一些企業開始講情懷，在我看來，只有那些沒有核心競爭力的企業才會只講情懷。

我曾看過一家咖啡店的廣告文案是這樣寫的：我們用心做好一杯咖啡；有一家麵館的 Slogan 是這樣的：不一樣的家常麵。

這兩個 Slogan 讓我感到很疑惑：咖啡店不就是要做好咖啡嗎？不一樣的家常麵是什麼樣的？這兩個 Slogan 看上去好像很有情懷，但仔細想想，完全體現不出產品差異化的特點、沒有品牌思想，這種品牌輸出的方式顯然是無效的。所以，設計品牌 Slogan 的時候不能只講情懷。

❖ 顯示自己的核心競爭力

　　有一家叫「彭記」的餐館主營湘菜，其 Slogan 是「一起分享彭友的味道」。這個 Slogan 看上去沒有什麼問題，但實際上不及格的行銷方式，因為這句話沒有顯示出門市的核心競爭力。

　　一個合格的 Slogan 一定要體現出門市的核心競爭力。例如書亦燒仙草的「書亦燒仙草，半杯都是料」。雖然只是簡單的一句話，但是突出了自己的核心競爭力 —— 料足，這種 Slogan 會讓消費者產生畫面感和記憶點。

3-05

吸引人潮的招牌，有這 8 個要素

如何設計一個能吸引客流的招牌呢？

第一，要出現品牌名稱。這個很好理解，就是品牌叫什麼名字。

第二，要出現品類名，要讓顧客知道店裡主要銷售什麼產品。例如，新加坡菜、精緻家常菜。

第三，要有口號，表達出門市有什麼不一樣的地方。例如，到成都必吃的小吃。

第四，給一個不得不進店消費的理由。

第五，字體越簡單越好，儘量不用純英文，也不要選擇生僻字和難以辨認的藝術字體，爭取做到一秒內就讓顧客抓住重點。

第六，招牌越大越容易吸引人。很多奢侈品品牌的招牌都很大，甚至佈滿一整面牆。招牌越大，越容易給顧客帶來門市

實力很強的感覺。

第七，招牌材料要耐髒、耐舊。有一家餐飲品牌的招牌，整體設計屬於明亮的藍綠色，剛開始很好看、很清新，但是時間一久顏色看上去就顯得陳舊，不得不更換。更換招牌很麻煩，既浪費時間又浪費金錢。

第八，如果有可能，可以把一些長期的活動展示在招牌上，作為差異點來長期吸引顧客。我們來想像一個場景，你的公司樓下有兩家包子店，味道都很好，也都有免費提供豆漿的活動。

第一家包子店的招牌是這樣寫的：「×××包子」。第二家包子店的招牌多了一句話：「免費喝豆漿！」假如你是第一次去會選擇哪一家？應該會是第二家，因為它在最短的時間內，給顧客做出下一步行動的理由。第一家包子店雖然也有同樣的活動，但是沒能在第一時間讓潛在顧客知道，因此錯失被選擇的機會。所以，好的招牌文案可以在最短時間內激發顧客行動，做出選擇。

如果門市可以將以上 8 點完美地體現自己的招牌上，那麼可以說這個招牌合格了。

3-06

說一個好故事，
就能充分傳達品牌理念

對一些規模較小的實體店來說，打造品牌可能不是一件容易的事，但是經營者可以打造個人 IP。學會打造個人 IP，明確個人的價值主張，也是實體店引流的有效方法。

有一家賣珠寶的實體店，客源主要是老闆及員工身邊的親朋好友。其主打產品是彩色寶石、翡翠、珍珠和 K 金類珠寶，每個月的營業額在幾十萬元到幾百萬元不等。此家店和其他同行的產品的差異點，是私人訂制、款式獨特，而且價格比較便宜。

該老闆是兩個孩子的媽媽，曾經經營過休閒酒吧、服裝店、學生公寓等。結婚時她的父親送她一對翡翠手鐲，很多人都說漂亮，但她覺得這對手鐲有點奇怪就拿去做鑑定。

鑑定的結果是假貨，她的父親當時難以置信，因為這是他早年就買來準備給她做嫁妝的。當時她看到父親的表情很難

受，所以決定做點什麼。於是以兩個孩子的乳名命名做了一個珠寶品牌，她的想法是只做真貨，至少從她店裡銷售出去的每一件珠寶都是真的，不想再看到別人像父親那樣，看到假貨而失望難受。

但是經營的過程中她遇到了一些問題，主要是人流量少，她想經由一些行銷策略來進行引流。

我認為這家店最需要做的是「推人」和「推產品」，老闆要把自己當成 IP 來打造。她可以將自己和父親以及兩個孩子的故事，打造成人物 IP。因為故事很溫暖，所以消費者會對這個 IP 有好感，進而形成一個良好的傳播形勢，以事實來豐富這個價值主張。

例如，高臻臻的價值主張是「只說人話，不講概念」。我在很多地方都會體現這個人格標籤，讓大家對高臻臻這個 IP 產生標籤化記憶，產生信任，降低雙方的交易和溝通成本。

所以，如果門市不能打造品牌，那不妨嘗試打造個人 IP，明確個人的價值主張。

❖ 經由社交媒體打造個人 IP

打造個人 IP 成本最低的地方，就是自己的社交媒體。

有一位餐飲店的老闆，寫了一段朋友圈文案（注）請我給建議。文案是：「一個人只要夠胖，哪怕他是在認真看書，都像在點菜。」配圖是一個看書的卡通娃娃。

　　我認為這樣發朋友圈不利於打造老闆的個人 IP。因為打造個人 IP，最起碼老闆本人要出鏡，所以我建議他把卡通圖去掉，換成自己看書的照片。兩張圖對比來看，顯然放老闆本人的圖片更有趣，更能在朋友圈給人留下印象，形成記憶標籤。

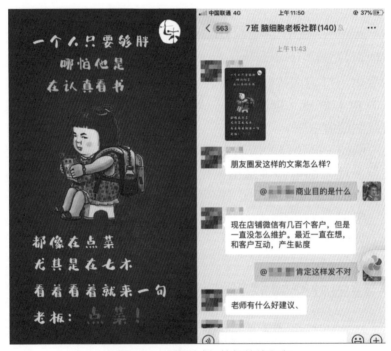

▲ 圖 3-4　不能形成記憶標籤的內容

注：朋友圈是微信上的社交功能，用戶可以此傳送文字和圖片，類似 LINE 群組的功能。

▲ 圖 3-5　能形成記憶標籤的內容更利於打造個人 IP

　　用打造個人 IP 來明確人格上的價值主張，更能與消費者建立信任關係，吸引消費者實現低成本溝通。所以，我們不僅要學會打造品牌，更要學會用各種方式打造個人 IP。

3-07

待客真誠 & 親切
是最好的行銷

　　我很贊同李靖（百度前副總裁）對「行銷」的理解。他大概是這樣說的：「行銷是以滿足消費者需求為目的，又達到商業目的的方式。」要記住，門市和消費者是雙贏的關係，而不是獵人和兔子的關係。所以我常說：「真誠才是最好的行銷方法，提高品牌的真誠度、親切度是高維度的行銷策略。」

　　有一位老闆跟我講過他經歷的一件有趣事情。

　　他在一家汽車美容店消費近 10 萬元，其實他最初並沒有想在該店消費，而且離他家很遠。之所以最後選擇這家店，是因為中間發生的一個小插曲。

　　他平時有潔牙、整牙的習慣，每年都會去牙科診所好幾次，但是他常去的那家牙科診所附近非常難找車位。第一次去的時候，醫生給他一張免費洗車卡，還告訴他那裡還可以免費停車。這張卡可以免費洗車 4 次（原價是洗一次 45 元），當

他用完 4 次以後，醫院的醫生又給了他一張卡，依然可以免費洗車 4 次。這家店不僅車洗得特別乾淨，而且服務態度非常好，店員全程都是微笑服務，而且不會推銷任何產品和服務。

當他第 7 次去洗車的時候，心理產生了微妙的變化。他卡裡還有一次免費的洗車額度，但看到店員那麼熱情地免費洗車，覺得有點不好意思，所以想主動付費。這時，店員依然溫馨地提醒他：「先生，您的卡裡還有免費的洗車額度，所以不用給錢。」這讓這位老闆對這家店的印象更好了。

當他第 8 次去洗車時，他開始主動詢問店員：「你們店裡做一次汽車保養要多少錢？」結果價格比其他店便宜不少，他便立即決定在這家店做汽車保養。這時店員告訴老闆，某個零件有一些問題需要更換，他沒有任何猶豫，很樂意付費更換零件。慢慢地，他在店裡的消費就越來越多了。

這就是真誠和信任的力量，提高品牌的真誠度是效果很好的行銷方式。

商人王永慶小學畢業後到一家米店做學徒。第二年，他用父親借來的 200 元做本金，自己開了一家米店。為了和隔壁的米店競爭，王永慶頗費了一番心思，當時大米加工技術比較落後，出售的大米裡混雜著米糠、沙粒、小石子等，買賣雙方都是見怪不怪了。王永慶卻把米中的雜物揀乾淨之後再銷售，這項額外的服務深受顧客歡迎。

此外，王永慶常常會送米上門，他會先在本子上詳細記錄顧客家裡有多少人、一個月吃多少米、何時發工資等。算算顧

客的米該吃完了，他就會送米上門，等到顧客發工資的日子，再上門收取米款。

此外他給顧客送米時，並不是送到就走了，而是幫顧客將米倒進米缸裡。如果米缸裡還有米，他會把舊米先倒出來，將米缸刷乾淨，再把新米倒進去，最後把舊米倒在上面，舊米就不會因為放太久而變質。他這個小小的舉動令不少顧客深受感動，久而久之顧客只買他的米。就這樣，他的生意越來越好。

在那個年代，王永慶就有意識做顧客關係管理，用數據來輔助，可謂非常有商業頭腦。

後來他談到開米店的經歷時，感慨地說：「雖然當時談不上什麼管理知識，但是為了服務好顧客、做好生意，就有必要瞭解顧客的需求。沒有想到滿足顧客需求的這一點小小的構想，竟能作為起步的基礎，逐漸擴充成為事業管理的邏輯。」

真誠地和顧客交往是最好的行銷方法之一，一些會做生意的老闆，每次結算時會給顧客去零頭或額外送一點小東西。這些細節往往很能打動顧客，讓顧客心甘情願繼續消費。

獲取一個新顧客的難度，是維護好一個老顧客的幾倍。因此，與其想著如何獲取新顧客，不如想著如何提升老顧客的忠誠度、沉澱老顧客。

除了真誠度，增強品牌的親切度，也是一種高效的行銷策略。很多時候，顧客對服務品質的認知，高於對產品本身的認知。也就是說，如果店家的服務態度很好，能讓顧客有親切感，那麼即便產品本身並沒有那麼吸引人，顧客也會願意進店消費，甚至很有可能幫店家免費宣傳，提高門市的影響力。

3-08

終極策略──
培養消費者的品牌認知

　　我一直以來都堅持一個觀點，行銷不是銷售，更不是技巧和創意，而是一個長期的系統工程。品牌需要建立自己獨特的標識，不少門市經營者都知道做品牌需要做 VI，比如 logo、海報、獨特的包裝設計等。

　　其實，VI 只是 CI（corporate identity，企業形象識別）中的一項，CI 包含 VI、BI（behavior identity，行為識別）和 MI（mind dentity，理念識別）。企業做 CI 的本質，就是為了長期、系統地培養消費者對品牌的認知，這也是企業的終極發展策略。

　　如何長期、系統地培養消費者對品牌的認知呢？以下幾個元素非常重要：4P、4C、產品場景、定位、CI、管道、模式、種子顧客、流量池、促銷、洞察、創意等。至於這些元素具體是什麼，我就不繼續展開了，讀者可以去網路上或專業書籍裡找資料、深入瞭解。

我做的所有專案，都是圍繞著這些點來思考的，就像填空一樣，一點一點補充，品牌就做起來了。

案例 1

傳統產業如何設計年輕化品牌

有一家經營翡翠精品鑲嵌（數量與原石大小相關）和高端定制（基本是一萬元起步，一百萬元封頂）的珠寶店。這家店在雲南省以「俏皮妖精」品牌運營將近 8 年，線上線下的顧客累計達數千人。

門市的主要經營管道是微信朋友圈加實體店，朋友圈針對個人消費者做個性定制，實體店針對企業消費者做翡翠原石銷售，每個月的營業額在 30 萬～ 100 萬元。

這家店是由一對兄妹創立的，哥哥是 IT 架構師，優勢是有網路公司的人際關係、顧客群和線下資金募集管道。妹妹是玉雕師，優勢是能夠對翡翠原石進行辨別、定價和設計。

為了吸引更多流量，他們打算借助新媒體傳授大眾翡翠的識別和定價方法，幫助店裡驅逐不良品和假貨（給翡翠染色、注膠、上粉、打蠟等），並逐步將小眾文玩發展為大眾日常裝飾。但是由於兄妹倆對新媒體運營都沒有什麼經驗，所以不知道怎樣才能利用新媒體宣傳品牌，提升流量。

中國還沒有以年輕為消費者的翡翠品牌，所以這也是翡翠行業的機會，對於這家店，我的建議有以下 3 點。

第一，建立新時代的品牌，可以用英文取名。

第二，雖然銷售的是翡翠，但比的是外形設計。所以，不

能只銷售純翡翠產品，要結合珍珠、水晶等元素設計產品，既好看又能提高產品的價格。

第三，打造 IP，輸出個人的價值觀。

翡翠的開採量在下跌，優質的翡翠越來越少，所以，未來翡翠的收藏屬性會越來越強，消費品屬性會越來越弱。因此，從長遠角度考慮，要定義一個更有質感、時尚感的品牌標籤。

為了求穩，可以考慮品牌分離，即老品牌不變，然後創造一個新的品牌，有助於掌握更多市場機會。

案例 2

高級或親民路線都能吸引流量

有一間店主營花店開店培訓，該店主要的招生管道在線上。此外，還有其他幾個花店在代理招生，但是效果並不好。該培訓機構只有一個實體店，所以很多想參加體驗課的人，因為不方便而放棄了。

這家機構每個月會開一次花藝專業班培訓，為期 10 天左右，人最多時有 12 人同時上課。此外，機構還會不定期開花藝攝影培訓。該機構會把每次的課程錄製下來，上傳到網路上，但是引流效果也不理想。

對於這家花藝培訓機構，我的建議是要麼打造高級品牌，要麼打造親民品牌。

1. 打造成高級品牌

很多人參加花藝培訓班，其實不是為了學習，而是為了拓

展人際關係，花藝只是一個載體。例如，我有一個朋友專門學做和果子，他去的那家培訓機構，請的是專業的匠人教學，因此費用很高，去參加培訓的基本上都是經濟條件好又有閒暇的女性。

參考和果子培訓機構的做法，如果這家花藝培訓機構要打造高級品牌，就要自己打造 IP，或者借力打造 IP。例如，找到本地的知名女性當合夥人，就可以營造出一種高級場景，吸引更多知名女性。接下來再建立自己的社群，發揮社群的力量，吸引更多流量。

2. 打造成親民品牌

花藝對於普通人來說並不是剛需，他們大多只是將花藝照片發到朋友圈，展示自己的生活。所以如果要打造親民品牌，這家花藝培訓機構可以舉辦一些類似「親子花藝」的活動。

例如，週末只要花幾十元或者一兩百元，就可以帶孩子來店裡一起體驗花藝，這種體驗活動可以吸引到一些流量。

案例 3

做農村電商，打造個人 IP 同樣重要

好幾年前我去四川省一個小鎮，到了那裡後，發現一件讓我很驚喜的事：當地有很多農民朋友，已經會用網路和市區的顧客建立聯繫。我當時借宿的那家農家老闆王叔，就透過微信朋友圈宣傳產品，還經由在其他平台直播等方式，在櫻桃還沒有上市的時候，就預售了 10 多萬元的櫻桃。

　　一般情況下，農村電商很難做出自己的品牌，因為農產品都是地緣性的品牌，沒有競爭壁壘，誰都可以找到貨源。

　　那麼，在無法經由品牌建立信任的情況下，農村電商應該如何做呢？既然農產品很難經由品牌建立信任，那就只能經由人來建立信任。所以，做農村電商賣農產品不如「賣個人IP」，就像案例中的農家老闆一樣，打造自己的個人 IP。

　　有一年我們特地開車去一個偏遠的鄉下摘櫻桃，臨走時加了老闆的微信。後來每到櫻桃上市的季節，我的妻子就會聯繫老闆寄櫻桃，然後直接在微信上轉帳。她很喜歡這樣的購物方式，既方便又能買到自己心儀的好物。

　　由這件事我想到，如果一個農產品銷售平台，銷售的不是農產品，而是「農民們的聯繫方式」，那將是一件非常有創意的事情。農民們可以在平台上定期發「種植日記」或「飼養視頻」，然後留下聯繫方式。消費者可以直接與農民聯繫，購買自己需要的產品。

　　這對農村電商來說，是一種非常新的發展思路，可以讓消費者對農產品更加信任。在信任的基礎上，自然能夠為商家引流。

案例 4

細節到位，就能做大你的生意

譚師傅是一位小鄉鎮的烘焙店老闆，他從零開始，10多年後一路開店到大城市。現在自營10多家店，年銷售額幾千萬元。譚師傅説自己不是特別懂網路，所以只能老老實實地做線下生意，做好線下的品牌設計和宣傳。

譚師傅的線下品牌設計和宣傳做得非常好，他的成功經驗主要有3點。

1. 瞭解廣告的作用

要想把廣告做好，首先就必須知道廣告的作用是什麼。廣告的作用就是告訴別人「你是做什麼的」「產品的獨特點是什麼」「你的品牌跟別人不一樣的地方」等。這些問題的答案一定要提前想好，如果沒有想好答案就著急做廣告，那麼效果就會不理想。

譚師傅最初認為廣告一定是很高雅的東西，這一點主要展現在門市最初設計的招牌上。

2015年譚師傅的第一家新店開業時，招牌上英文幾乎佔2/3，店名「大方圓」只佔一點點面積，不仔細看可能會忽略，如圖3-7。經營一段時間後譚師傅發現，花幾十萬元找人設計的招牌一點效果都沒有。經過這件事，他對品牌設計和廣告有了新的認知。

　　2015 年下半年，他的店從小鎮開進市區，店名從「大方圓」改成「米蘭米蘇」。招牌上寫的是「米蘭米蘇時尚烘焙」，店裡的裝修風格也變得更時尚。但可能因為位置沒有選好或是第一次在市區開店，沒多久就倒閉了。但是，譚師傅並沒有氣餒，繼續想辦法扭轉局面。

▲ 圖 3-6　譚師傅第一家店的招牌

▲ 圖 3-7　譚師傅第二家店的設計圖

譚師傅在培訓班學習的時候，偶然聽到一個概念叫作「視覺錘」。這時他才恍然大悟，沒有品牌意識才是經營不好的關鍵。有了這樣的意識後，譚師傅又找一個新位置，開了他的第三家店，這次的經營思路完全是按照品牌意識來執行的。

　　從第三家店的招牌上可以看到，「米蘭米蘇」的大 logo 後面有「麵包」兩字，產品的品類終於在招牌上體現出來。譚師傅還想讓自己的品牌變得更高級、大器，所以招牌一分為二，左邊是英文，右邊是中文「米蘭米蘇麵包」。

▲ 圖 3-8　譚師傅第三家店的招牌

　　在經營的過程中譚師傅不斷反思，後來他終於想通了，打消讓品牌更高級、大器的想法，於是又開了第四家新店。

　　第四家店是一個轉角型門市，招牌還是一分為二，左邊幾個大字是「訂蛋糕，去米蘭米蘇」，右邊幾個大字是「米蘭米

▲ 圖 3-9　譚師傅第四家店的招牌

蘇蛋糕」，正面的玻璃上還有四個大字「生日蛋糕」。僅僅這一點改變，該門市的銷量就產生了巨大變化——生日蛋糕的日銷量上漲 1/3，日營業額上升 1/3。

對實體店來說，店鋪本身其實就是很好的廣告位置，因此，招牌一定要展現自家產品的品類和特點。

從視覺上來看，「生日蛋糕」四個大字出現在玻璃上，絕對稱不上美觀，卻對提升銷量卻有很大幫助，會讓路過的人留下深刻印象——這家店賣生日蛋糕，日後需要買生日蛋糕的時候，首先就會想到這家店。

所以，招牌設計的第一個要求應該是實現商業價值，第二個要求才是好看和差異化。

2. 把品牌當作一顆「釘子」

品牌其實就是一顆釘子，如何才能將品牌這顆釘子「釘」到消費者的心中呢？第一釘子要夠鋒利；第二必須長期堅持。

釘子怎樣才能鋒利呢？答案是用比較少見的顏色，最好集中使用一種顏色。例如，消費者一想到肯德基，首先想到的就是大紅色，這就是一顆的「釘子」，譚師傅也用了這種方法。

譚師傅蛋糕店釘子的「鋒利」在於使用淡綠色，並且把很多周邊產品的主色調都換成這種顏色，就是為了把這個顏色植入消費者心中，只要他們看到這個顏色，就會想起米蘭米蘇蛋糕。

3. 把門市的「自媒體」做好

在媒體上投放廣告沒有錯，但是在這之前，一定要先把門市的「自媒體」做好。很多人認為自媒體限於微信、微博、抖音等平台，實際上對實體店來說，招牌、產品包裝、員工身上的衣服等，更是引流效果好的媒介。

▲ 圖3-10　麵包車也成了米蘭米蘇的「自媒體」

　　所以，門市經營者在其他平台上投放廣告前，一定要先思考是否充分利用門市的自媒體做好廣告宣傳。例如譚師傅蛋糕店的麵包車，整個車身都刷成淡綠色，車身印滿廣告詞和照片，車開到哪裡，廣告就做到哪裡。

　　實體門市不要總想著做大型、複雜的行銷活動，很多時候把現有資源、平台利用好、把實體門市的細節做到位，也可以做好行銷。

案例 5

利用一些「小動作」來打造品牌

　　有一個非常知名的冰淇淋品牌「DQ」，主打產品是杯裝冰淇淋。在 DQ 門市買冰淇淋會發現一件有趣的事情，那就是服務員將冰淇淋遞給你的時候，會把杯子倒過來給你看，還會說一句「倒杯不灑」。

▲ 圖3-11　DQ的服務員在展示「倒杯不灑」

「倒杯不灑」這個小動作，其實就是非常有效的行銷行為。它向消費者傳遞的訊息是：我們家冰淇淋的品質非常好，就算杯子倒著也不會流出來。這個訊息會在消費者的大腦中，建立一個區分好壞的標準，認為好的冰淇淋是倒不出來的。DQ 在這方面做得很好，這就稱為品牌的行為識別。

無論你做的是實體經濟還是虛擬經濟，都可以想方設法在行為識別上建立出品牌差異化，哪怕只是一個小小的動作。

案例 6

學會在不影響品牌價值下打折

我曾經常看某 App 的免費影片，雖然影片中有廣告，但我還是能接受，畢竟不用花錢就可以觀看。然而，有一次我看到這款 App 做活動，會員費打 5 折，我便毫不猶豫地買了一年。

我當時想，平時上下班叫計程車差不多要花 100 多元，但從來沒有覺得很貴，可是為什麼一年的App 會員費100 多元，我卻覺得很貴？思考過後，發現當人們對一個產品的需求不強烈時，就會覺得這個產品的價格貴。

折扣促銷在短期內促銷效果顯著，但由於它容易使產品折價，所以只能作為一種輔助性促銷策略使用，而且要有技巧地用，不能常用。否則只會吸引價格敏感型消費者，流失價值認可型消費者。長此以往，就會形成惡性循環。

那麼，門市在採取折扣促銷策略時，應當掌握哪些技巧才能不損傷品牌呢？

1. 給消費者一個打折的理由

如果毫無理由地打折，那麼消費者可能會認為你的產品本身就廉價，這會損害品牌的價值。所以，如果要採取折扣促銷的方式，就必須給消費者一個打折的理由。這個理由不能簡單地用「新產品上市」，因為消費者對這樣的理由已經麻木了。

2. 充滿新意的動態折扣策略

我曾看過「餐廳開張，飯錢隨意給」的促銷方式，這其實就是動態折扣策略，但會一定程度損害品牌的價值。因為它吸引來的大部分是吃「霸王餐」的顧客，而他們並不是餐廳的目標顧客，所以動態折扣也要講究技巧。

深圳隨意就餐活动-餐厅开张 饭钱随意给 20121003 今日一线... ...

[视频] 时长: 2分钟
视频:深圳随意就餐活动-餐厅开张饭钱随意给20121003今日一线
- 百度快照

奇怪餐馆:饭钱凭心情随意给是哪里?餐费随意给什么餐馆?具体位置大...
2015年7月27日 - 奇怪餐馆:饭钱凭心情随意给是哪里?餐费随意给什么餐 据
报道,7月25日,北部新区汽博中心北大附中旁一家中餐馆开业了。与其他餐馆...
V₁ - 百度快照 - 95条评价

奇怪餐馆:饭钱凭心情随意给 网友:可以吃霸王餐了(图) 武进新闻网
2015年7月27日 - 与其他餐馆张灯结彩、敲锣打鼓的开业不同,近两天,来该餐馆用餐的顾客,竟
可以视自己的心情,随意给付餐费。这样的 促销,吸引了不少顾客前来消费。...
- 百度快照 - 154条评价

赔本赚吆喝:餐馆促销饭钱多少看心情给-中国学网-中国IT综合门户...

2016年7月19日 - 赔本赚吆喝:餐馆促销饭钱多少看心情给,【导语】:
前天,北部新区星光大道土星大厦一家中餐厅开业了,与其他餐厅张灯
结彩、敲锣打鼓的开业不同,在该店...
- 百度快照 - 287条评价

▲ 圖 3-12　充滿新意的動態折扣策略

搖滾樂隊電台司令（Radio head）曾推出一張專輯名為《In Rainbows》。這張專輯不採用傳統的方式定價，人們能以任意價格下載。活動結束時有 180 萬人下載，其中 60% 沒有付款。然而在 40% 的下載者中，甚至有人願意支付 100 美元。結算的結果，這張專輯的平均定價為 2.26 美元，比傳統定價模式獲利更多。

以上的例子也屬於動態折扣促銷，但有局限性，本質上不適合餐廳借鑒。其適合的條件是產品邊際成本低、有粉絲基礎、競爭激烈的市場環境。

此外，動態折扣促銷還有一個升級的做法。美國有一家公司讓消費者自己提出願意支付的機票價格，然後由航空公司接單。如果消費者提出的價格太低，沒有人接單就無法坐飛機，所以一般消費者都會給一個比較合理的價格。這家公司在 1999 年成功上市，市值高達 240 億美元。

3.「差別折扣」策略

「差別折扣」策略其實就是針對不同人給予不同折扣，比較常見在有會員卡、會員制的消費場所。

特易購是全球三大零售企業之一，它運用大數據實施「差別折扣」策略。它可以經由購物清單來判斷你家目前是否有小寶寶，如果有，在結帳時收銀員會自動給你一張嬰兒奶粉優惠券。

特易購的這種策略，就等於給不同人不同折扣優惠，因為針對性比較強，也能促使消費者回購。

4.「機率折扣」策略

心理學家做過一個實驗：一個自動販賣機上的 10 元零食原本以 7 折銷售，後來變成機率折扣——消費者購買時有 70% 的機率以原價購買，30% 的機率退回全款。也就是說，消費者有 30% 免費獲得零食的可能性，實驗結果是，自動售貨機的銷量增加了 3 倍。

這就是機率折扣策略，心理學和行為學上有一個著名的前景理論，是關於人們面對風險和收益的決策問題，當面對遠小於購買力的收益時，人們傾向於增加風險，這也就是機率折扣策略會吸引消費者的原因。

5.「心理帳戶」折扣策略

我們先來做一個小實驗。

第一種情境：你某天不小心刮到自己的車，修車花了 1 千元心情很不好。之後回到辦公室，你發現抽獎中了 2 百元。第二種情境：你某天不小心刮到自己的車，修車花了 8 百元。

這兩種情境下的支出都是 8 百元，你覺得哪種情境下你的心情會更好？我想大多數人會認為是第一種，實驗結果也是如此。

為什麼呢？因為我們往往會為收益和損失設置不同的心理帳戶。第一種情境下，雖然修車花 1 千元，但是抽獎中 2 百元，心理帳戶會認定有收益。第二種情境修車花了 8 百元，心

理帳戶會認定我們只有損失。

很多門市的滿贈、滿減策略，就是利用這個原理。例如，一件商品打 8 折，1 千元的東西付出 8 百元就能買到，心理感知不是很強烈的人，會認為 8 折也不過如此。但如果滿 1 千送 2 百元折價券，大家就會感覺額外獲得了 200 元，心理上會覺得有收益，進而產生更強烈的購買欲望。

6. 折扣表達的策略

我們常聽到這樣的廣告：「3999 元買電腦，免費送耳機、滑鼠和一年上門維修。」明明 3999 元就已經包含耳機、滑鼠的成本，可是門市卻說是免費送的，為什麼呢？

研究表示，人對損失和收益的感知並不是線性的，例如，你賺了 1 百萬元的快樂要達到雙倍快樂，可能得再賺 4 百萬元，而不是 2 百萬元。反之，你損失 1 千元感受到的痛苦，可能要再損失 4 千元才能感受到雙倍痛苦。

所以，把所有的成本加總後，給消費者一個總價，會讓消費者感覺付出金錢沒有那麼痛苦。同理，電商平台上含運費的商品，幾乎都比不含運費的商品賣得好。

折扣活動是一門藝術，沒有標準。但是作為商家，一定要為自己的折扣活動找合理的理由，千萬不要把折扣活動變成和同行「互相傷害」的價格戰。

第 **4** 章

想獲得忠誠的「種子顧客」，該做什麼樣的活動？

4-01

新店開業的活動，
必須建立起信任關係

　　新店開業的第一步，是經由大量活動建立人與人之間的信任，從而獲得第一批「種子」顧客。但並不是活動做越多消費者就越信任你，要想獲得消費者的信任，還應掌握新店開業活動的技巧。

❖ 宣傳時，以自然的方式取得信任

　　有一家新開的烘焙食品店，專門教小朋友做蛋糕、餅乾、月餅等。該店老闆不知道如何獲得家長的信任，來吸引他們參加新店的開業活動。

　　我的建議是宣傳時，就與消費者建立信任關係。該店可以用簡單的方式宣傳新店開業活動，例如分發免費教小朋友做蛋糕的傳單，但不要用太商業化的文案，這樣的傳單很難讓消費者信任，甚至可能被直接扔到垃圾箱裡。

　　因此，我建議該店的傳單可以設計成門票的形式，這種形式相對而言比較正式，能夠讓家長對店家產生信任。當家長信任了，自然願意來參加活動。

❖ 建立自己的社群，與消費者積極溝通

　　為了進一步建立人與人之間的信任，門市經營者應該經由活動建立自己的社群。建立社群之後，就可以和消費者即時進行線上溝通，消費者越越瞭解你，自然會越信任你。

　　但很多老闆建立社群後，會遇到這樣一個困擾：發給消費者訊息後得不到回覆。這其實很正常，因為消費者並不信任你，當一個人不信任你的時候，他自然不願意跟你聊天。那麼，如何做才能突破這個困局呢？下面分享幾個解決方法。

1. 提問開路

　　提問是最好的打開話題方式之一，面對他人的提問，很多時候人的第一直覺都是做出回答，進入提問者的思維模式。甚至有時候我們知道答案卻不回答、不回覆時，心裡還會感到不舒服。以下的案例，就是經由提問的方式，成功打開話題後推廣產品。

　　推廣者：請問你用的手機是安卓系統還是 iOS 系統？
　　消費者：iOS。
　　推廣者：你常用淘寶嗎？
　　消費者：有時會用。

推廣者：我有時也會用淘寶，你願不願意試試用淘寶購買商品時，比平時更便宜的價格購入？

消費者：什麼意思？

推廣者：用○○ App，在 play 商店就可以下載了，我給你一個註冊碼。

消費者：……

你還可以先去看看對方的朋友圈，收集一些和他相關的訊息，然後聊一些他可能感興趣的話題。例如，你看到他的朋友圈有貓咪的照片，那麼你可以這樣提問：「看了你的朋友圈，原來你也養貓啊。你一般買哪個牌子的貓飼料？我媽最近剛好收養了一隻貓，我也需要買貓飼料。」如果你看到他的朋友圈裡有健身的照片，你可以這樣提問：「看到你的朋友圈分享圖，你有馬甲線太厲害了，是多久練成的？我的腹肌還是半成品。」

用提問打開話題的方式，不僅可以用在微信聊天中，也適合用於面對面聊天。例如，你想讓一位超市的老闆變成你的代理商，為你銷售產品，可以問：「老闆，請問哪裡有廁所？」「老闆，請問有沒有賣○○？」等你上完廁所或等老闆說沒有該產品時，就可以接著推廣你的產品了。例如，「我是○○公司的區域經理，現在公司有補助，這個產品可以放到你的收銀台上銷售，每售出一個可以賺 20 元，不用你進貨……」

總而言之，提問確實是打開話題的一種簡單、易行的方式。

2. 做到「自來熟」

給消費者營造一種朋友間的親切感，例如，「「謝謝你那麼忙還關注我，有空我們多聊聊吧！」像這樣的話，就會給消費者帶來一種朋友間的親切感，同時也可以打破不知道說什麼的尷尬局面。

如果對方回覆你了，那就可以開啟第二步。如果對方沒有回覆你，你可以等一等，不要急功近利把對方刪了，因為對方很有可能真的在忙。

3. 更新觀念，不回覆不代表沒有看

大部分人面對陌生人所發的微信，如果內容太長可能不會細看，但大多會打開看。所以，我們應該更新觀念：對方不回覆不代表沒有看，一但他看了就有宣傳效果。

既然大部分人都會看，那麼即便是在群組發文，也應該清楚表達內容，避免公式化。例如，切忌用「您好」兩字，表面上是尊敬其實是疏遠。因為你跟你的好朋友，甚至跟大部分人說話時絕對不會用「您好」。一般人在看到「您好」二字開頭，又有大量文字、連結，還有非常多的表情符號的內容時，都不會細看。

4. 微信頭像和微信名也很關鍵

切忌用公司的 logo 作頭像、用公司名稱做微信名，對方會覺得是某個企業廣告，點開率瞬間降低不少。所以，現在很多企業的微信公眾號，都不用公司的 logo，而用真人照片作頭像，例如「招商銀行信用卡」早期的微信公眾號頭像，就是一

張真人照片。

微信生態是人的生態，少有人願意和一家公司聊天，所以微信頭像和微信名一定要有「人味」才行。

門市開業活動的核心不是讓顧客購買商品，而是為了建立信任關係，為以後的銷售做好鋪墊、為獲得第一批種子顧客做好鋪墊。

▲ 圖 4-1　招商銀行信用卡公眾號的真人照片頭像

4-02

開業活動的思路
你掌握了嗎？

　　「如何辦好開業活動才能獲得更多的種子顧客」，這是很多門市經營者都會思考的問題。其實這個問題並不難，只要掌握開業活動的思考邏輯即可。

❖ 先明確做活動的意義

　　在舉行開業活動之前，經營者必須明確做這次活動的意義。其實，開業活動當天的營業額、利潤並不重要，重要的是活動現場是否熱鬧，活動是否能夠沉澱更多的顧客。

　　因此，開業活動的重點是營造熱鬧的氣氛，成功實現流量沉澱。

　　有一家餐飲店，主要經營冒菜。店裡每個月的營業額在 3 千至 6 千元，消費群體主要是大學生和附近上班的白領。

為了擴大店鋪的影響力，老闆重新裝潢了門市，並準備舉辦一次 3 週年店慶活動。

無論是舉辦開業活動，還是老店新裝潢，思考邏輯都是一樣的。因此，這家餐飲店首先要明確做活動的意義，是營造熱鬧氣氛、沉澱更多流量，對此我有以下建議。

門市經營者可以買一些類似鑰匙圈的小牌子，這種小牌子款式非常多，網路平台上有很多訂製款。因為這家店主打冒菜，所以我建議定制一個帶有「冒」字的鑰匙圈。這個鑰匙扣就相當於門市的會員卡，但不要輕易讓顧客得到，因為這樣就失去了活動樂趣。

經營者可以制定一個規則，例如，顧客在開業活動期間消費多少金額或消費指定菜品，就可以獲得這樣的一個鑰匙圈。為了進一步吸引流量、促進消費，還可以制定以下規則：持有鑰匙圈的顧客，以後只要進店消費都可以免費領取一杯飲料，這可以給會員帶來價值感，更利於流量沉澱。

此外，要學會趁熱打鐵建立微信群，建立之後，最好將這些顧客往自己的私人微信號上引流，可以進一步提高顧客的黏性，更利於流量沉澱。

❖ 為開業活動擬一個有吸引力的標題

明確開業活動的意義後，下一步就要為開業活動擬一個有吸引力的標題。以上述案例為例，可以擬主標題為「○○○ 3 周年慶」，副標題為「不是每一家店的壽命都可以超過 3 年」，

這種標題更能吸引新時代的年輕人。

　　為開業活動擬標題時，要結合顧客的喜好，擬一個有趣、有吸引力的標題，才能吸引更多顧客來參加活動。一旦掌握了思考邏輯，我們就能朝著正確的方向做正確的事，進而達成做活動的目的。

❖ 節日活動：差異化，更能讓人印象深刻

　　做節日活動是吸引流量的一種有效方式，很多門市在節假日都會舉辦活動。但有些門市節假日的生意並不好，所以，不一定每一個節日都要跟著市場的節奏走。

　　節日只是一個做活動的理由，事實上是不是節日其實並不重要，重要的是你做的活動是不是更有創意、更具差異化點、更能讓人印象深刻。有這些特點的活動才能吸引顧客，沉澱流量。

　　那麼，如何策劃一個有差異化點、能讓人印象深刻的節日活動呢？在下一節中會詳細說明。

4-03

在小眾節日做活動，效益會更高

　　絕大多數店家都會在傳統節日做活動，如端午節、中秋節，但是這些活動大同小異，很難讓顧客留下深刻印象。實際上，除了這些傳統節日，還有一些更有特色的小眾節日，如二十四節氣，在這樣的小眾節日做一些有創意的活動，也許會取得意想不到的效果。

　　2017 年的大暑這一天，很多年輕人在微博和朋友圈分享自己在麥當勞吃薯條的照片。

　　這已經是麥當勞第 3 年與顧客一起慶祝大暑節氣，7 月 22 至 7 月 25 日，每天下午 2～6 點，顧客們來到麥當勞購買「大薯」，就可以免費續「大薯」兩包。在大暑節氣期間在麥當勞吃薯條，聽起來似乎是一件不違和的事，主要是因為兩者的諧音是一樣的。

　　活動開始後，微博上「大暑免費續大薯」話題的點閱量超

過 3 千多萬人次、「薯條懶人沙發」的轉發超過 3 萬次，官方微信的點閱數也創下歷史新高，光文章分享數就接近 30 萬次。

這其實就是麥當勞結合傳統的小眾節日策劃出來的活動，從活動結果來看，流量轉化率也很高。

❖ 自己創造節日做活動

很多人會問：不一定每個節日都跟著市場的節奏走，那應該跟誰走？怎麼做活動？答案很簡單：跟自己走，自己創造節日做活動。

麥當勞創造了一個節日——3 月 14 日的「派 DAY」。這個「派」和圓周率「π」的讀音一樣，同時很容易讓人聯想到麥當勞的蘋果派。很多人都會背 3.1415926 這個數字，且對這個數字印象深刻。所以，麥當勞很聰明地將 3 月 14 日作為一個節日，在這一天會用自己的經典派品來慶祝。

麥當勞經由打造一個屬於自己的節日，將顧客聚在一起，再用年輕人喜歡的方式和顧客溝通，形成一種獨特的品牌記憶點——3 月 14 日要去麥當勞吃派。這樣不但能做到錯峰行銷，還可以實現淡季行銷。

說到創造節日，天貓的「雙十一」就是一個非常成功的例子。有人粗略地估算了一下，電商平台一年差不多創造了 40 個節日。

　　雖然自己創造節日這件事，是電商熱衷的行銷策略，但其實線下實體店更要學會自己創造節日做活動。因為門市需要的是人流量，但是消費者的消費時間比較局限，一般都集中在週末和節假日。

　　怎麼在有限的時間裡，突破相鄰門市及對手的競爭，來吸引消費者注意、來刺激他們消費呢？過節就是一個非常好的理由，但是傳統節日已經很難滿足實體店的銷售需求，所以經營者可以嘗試創造一個節日，給消費者一個消費的理由。

　　很多門市經營者會說，他們也創造過節日，例如週年慶、換季上新品等，但是消費者對這些節日似乎並不感興趣。其實，主要是因為這些說法太老套，消費者見多也就不覺得有新意了，甚至還會懷疑，店家可能一年 365 天都在做這些活動。所以，即使找個理由做活動，也必須找一些有新意的理由。

❖ 根據特定的人群，挖掘有趣的活動點

　　節日一般對應特定的人群，因此我們可以從這些特定的人群畫像裡，挖掘有趣的活動點。

　　有一位老闆在情人節做了一場有趣的活動──情人節模擬結婚。很多時候，男女之間的感情需要外力來「推波助瀾」，情人節就是一個好時機。這位老闆在他的店門口放了一個拍攝結婚照的相框，相框上寫著「情人節，祝福我們吧」。拍完照片後，他還會送兩本模擬的結婚證書給情侶，因此很多情侶都願意到這家店裡來玩玩看。

▲ 圖 4-2　情人節模擬結婚的行銷活動

　　這個活動還可以玩出更多花樣。例如在未來一年內，只要結婚照上的兩個人一起回到店裡，憑模擬的結婚證就可以享受一定折扣或小禮物等。模擬的結婚證相當於會員卡，最關鍵的是把情人節的活動時間擴展到一整年，等於鎖定消費者一年的時間，這樣的活動就比單純的過節打折更有行銷效果。

　　實際上，消費者更看重的不是門市哪一天做活動，而是活動的創意。有創意的活動才能吸引他們。所以，門市並不一定要在大型節假日跟風做活動，而是要學會創造一些有趣的活動。

4-04

耍點小心機，
消費者會記得你很久

細節決定成敗，做好行銷活動的小細節，不僅能打動消費者，還能加深消費者的認知，發揮傳遞品牌價值的作用。如何才能做好行銷活動的小細節呢？我們來看看以下這些門市是如何做的。

❖ 秤重時的「小心機」

某瓜子品牌創立於 1985 年，創始人曾被稱為「中國第一商販」。

一般情況下，我們去買炒瓜子時，老闆都會先抓一大把到秤上，如果超出重量再一點一點抓出來。這麼做給消費者的感覺是老闆很小氣，一點都不捨得多給，消費者下次可能就不願意再到這家店來買東西。

但是，該瓜子品牌的老闆反其道而行之。他會先抓一小把瓜子到秤上，若重量不夠，再一點一點往秤上加。對於那個物資匱乏年代的人們來說，這種做法非常打動他們，認為老闆非常善良，下次也很願意繼續來買他的瓜子。

除了秤重時的「小心機」外，該瓜子品牌還重視兩個很打動消費者的行銷細節——允許消費者先試吃後買、允許消費者賒帳。此外，消費者買水果時老闆會多給一個，買瓜子還會順手多給一把。其實，一個水果、一把瓜子價值並不高，但是能夠打動消費者，加深消費者對這家店的認知，進而進而吸引他們成為回頭客。

雖然這些方法看上去有些老土，但是在很多情況下都非常有用，因為人性很難改變。

❖ 先把贈品遞到消費者的手裡

有一年三八婦女節，我和妻子在她的老家逛街，當時看到大街上有很多人抱著毛絨玩具發傳單，這種發傳單的樣子很吸引路人，特別是那些喜歡湊熱鬧的人，會過去看看是不是可以免費領一個毛絨玩具。我們過去一看，才知道原來是一個美容院在做活動。妻子是一個非常勤儉的人，平時很少亂買東西，但是這一次，她竟然忍不住消費了。

這家美容院的活動是這樣設計的：消費者只需花 48 元購買一張優惠券，就可以憑券免費享受臉部清潔一次、臉部按摩

一次，並且可以現場獲得一個大毛絨玩具。現場立即贈予毛絨玩具，這種及時獎勵很吸引人，會讓消費者產生消費的衝動，而且 48 元的價格並不貴。當時我看到大街上很多女孩都抱著這個毛絨玩具，可見活動的轉化效果非常好。

很多人說現在發傳單的效果很差，事實是如果細節做得好，效果也可以很好。我們要做的不是強行推薦自己的品牌，而是先把視覺化的獎品遞到消費者手裡，可以極大地提升活動的轉化效果。

1994 年我當時讀小學 4 年級，有一天，一位大學生模樣的推銷員人敲了我家的門，並向我推銷產品。後來我才知道他做的是直銷。那位推銷員一看見我，就往我手裡塞一個按摩器——這正是他要推銷的產品，但他是這麼說的：「小弟弟，這是送給你的。」

就是因為這句話，我沒有立馬關上門。之後他才說必須花錢成為他們的會員，才可以免費獲得這個按摩器。我足足花了 10 多分鐘聽他介紹產品，後來因為我確實身無分文，這位推銷員才放棄繼續推銷。但是，直到他走的那一刻，才把我手中的按摩器拿走。

所以不管是真送禮還是假送禮，一定要第一時間把有價值感的商品或贈品遞到消費者手裡，或讓消費者親眼看到。這給消費者的感覺，跟傳單上寫的文字完全不一樣，就像很多人見面時喜歡提著伴手禮。大家通常會在談事情之前將伴手禮遞給對方，更有助於順利地談事情。

　　總之，在做行銷活動送贈品的時候，一定要讓贈品的價值顯性化。

❖ 送成本低的贈品

　　如果你是開吃到飽餐廳的老闆，怎麼讓消費者吃得少又滿意呢？答案是吃的時候發優惠券。

　　之前有人做了一個實驗，在吃到飽餐廳發優惠券，這些優惠券可以是異業合作的優惠券，也可以是下一次消費時使用的優惠券。結果是拿到優惠券的人，比沒有拿到優惠券的人吃得少很多。

　　為什麼會這樣？因為到吃到飽餐廳時，消費者的心帶是要把花出去的錢吃回本，但如果領了優惠券，消費者會覺得稍微少吃一點也沒關係，反正下次有優惠。這樣的小細節也可以打動消費者，加深消費者對餐廳的認知。

　　所以，如果你做的是吃到飽餐廳這種「封頂式」的生意，或者是健身房這種會員制的生意，可以在行銷的時候多發放一些優惠券。例如，健身房可以在消費者辦卡後，送一些附帶健身短片的隨身碟，或送一些免費邀請朋友來健身的體驗券。

　　我們可以發現，以上幾種活動中的小細節，不需要花費很多時間或成本，卻能夠取得很好的效果。因為這些小細節能打動消費者，加深他們對品牌的認知。品牌認知越深刻，顧客黏性就越高，門市的流量自然也越大。所以，經營者在做活動的時候，要在細節上多下一點功夫，行銷才會事半功倍。

4-05

活動的本身不是關鍵，而是……

　　一個完整的活動分為活動前、活動中、活動後 3 個環節。活動前要宣傳造勢、活動中要注意細節執行、活動後要傳播。

　　活動後的傳播往往是很多經營者容易忽略的事情，他們認為活動本身才是關鍵。實際上，活動本身有時候並不是關鍵，而是活動後線上線下的傳播。因為只有把活動傳播出去，才能為門市帶來更多流量，這才是做活動的根本目的。

　　有一位拳擊手，在全世界獲得過各種綜合格鬥的冠軍。有一次他跟我說，他辦了一個格鬥俱樂部，想進一步擴大俱樂部的規模，但不知道怎麼引流。據我瞭解他的俱樂部中，運動項目都非常專業，目標受眾相對會很窄。因為對大多數人來說，格鬥不是為了比賽，而是為了健身或防身。

　　所以，想擴大格鬥俱樂部的市場，首先要重新定義產品。也就是說，不能再按照常規的專業維度劃分產品，例如，不能

將產品劃分為格鬥、跆拳道、拳擊，而是要找一個更廣的目標顧客群體，為他們創造需求。

哪些人群需要學習格鬥？有一個答案比較明確——喜歡冒險的人。因此，我建議他在原有品牌的基礎上，分離出一個新的品牌出來。這個新品牌可以做成格鬥速成班，專案內容可以是封閉式訓練，一個星期或一個月即可學會的基本自我保護技能。為了吸引更多流量，還可以為這個專案取一個類似格鬥術的名字，就可以直接跳出跆拳道這個傳統品類，做成一個具有特色和吸引力的新品牌。

下一步是最關鍵的——做活動並傳播。俱樂部可以跟社群的負責人、意見領袖等溝通合作，形成速成格鬥術的代理關係，且有一次免費的體驗機會，借助他們把體驗的影片傳播出去。這樣一來，這個專案很快就會在圈層傳播開，流量自然就來了。

那麼，如何做好活動之後的傳播呢？

首先，做活動的時候就要沉澱出可以用於傳播的素材。例如在活動當天，安排人員拍下現場的照片和影片。

一些做得非常好的電商公司在「雙十一」購物狂歡節時，都會拍各種活動的細節。例如，堆得比人還高的訂單、堆滿倉庫的未配送商品等，來作為素材用於活動後的傳播。這能讓消費者覺得：「賣得這麼好，我是不是也應該買一點？」只要消費者產生了這種想法，活動傳播就是有效的。

實體店雖然沒有堆積成山的訂單和商品，但是有別的素材。例如，線下活動時人山人海的畫面，或線下分享會現場的

影片等，這些都可以收錄用作傳播。

　　做活動是為了獲得種子顧客，但真正能夠幫助門市吸引更多流量的，是活動後的傳播。所以，經營者在做活動時不要只關注活動本身，還要具備收集素材的意識，用心思考如何做好線上線下傳播，來最大化活動效果。

▲ 圖 4-3　堆積成山的訂單和商品，是做活動後的傳播素材

4-06

嗅覺行銷：香味也能促進消費、吸引流量

　　我上大學時認識一位女生，使我留下非常深刻的印象，因為每次跟她見面時，她都會噴一種味道特別的香水，有點像花露水的味道。畢業很多年後，我只要聞到花露水的味道，就會想起她、想起大學時代的點點滴滴。後來我思考，如果能將氣味和品牌記憶結合在一起，是不是能讓顧客留下更深刻的印象，吸引更多流量呢？

　　科學研究表示，人的鼻子可以記憶一萬種味道，而且嗅覺記憶的準確度，比視覺記憶的準確度高一倍。所以，氣味是一個很好的行銷武器，線下門市也可以採取這種方式行銷和引流。

　　很多人可能認為這種方式行不通，但其實嗅覺行銷是一個歷史相當悠久、技巧相當成熟的行銷方法，國內外有很多店家都用這種方式行銷。

很久之前，勞斯萊斯新車的內部會有木頭、皮革、亞麻等混合的氣味，顧客會把這種氣味當作新車的標誌之一。

後來隨著生產技術進步，上述材料被取代後，勞斯萊斯獨特的氣味也隨之消失。勞斯萊斯為此收到很多顧客的抱怨，顧客認為新系列不如上一代好，事實上主要的差別就是氣味。

隨後勞斯萊斯分析氣味，製造出一種包含木頭、皮革、塗料等 8 百多種不同元素的「新車味」，讓熟悉的味道又回來了。

勞斯萊斯的「新車味」是一個嗅覺行銷的經典案例。品牌行銷專家馬丁・林斯特龍（Martin Linstrom）在其著作《感官品牌》中，列舉了很多有關氣味的實驗，其中有一個實驗是這樣的。

把兩雙完全一樣的運動鞋，分別放在兩個相同的房間：一個房間噴灑香水，另一個房間則不做任何變動。結果，所有去過兩個房間的被訪者中，有 84% 的人更喜歡有香味房間中的運動鞋，對其估價也高出 10.33 美元。

可見，氣味不僅可以增強人們對品牌的記憶和聯想，還可以直接提升產品的銷量。所以，門市老闆也要重視以氣味為載體的嗅覺行銷方式。

❖ 實體店的嗅覺行銷

有一次我和妻子帶女兒去某家餐廳用餐，一進門，一股蒜蓉扇貝的味道迎面而來。雖然當時有很多人在排隊，但是依然沒有打消我們在這吃的念頭。

　　我觀察了一下，這家店的位置其實不是很好，但是生意非常好，店家直接把廚房放在外面。這樣一來，蒜蓉扇貝的味道很容易散發出去，吸引顧客尋味而來。

　　對於實體店來說，這種利用氣味引流的方式非常有效。為什麼這麼說呢？你不妨回想一下自己是否有這樣的經歷，當聞到燒烤味、火鍋味的時候，下定決心去吃燒烤、火鍋的可能性會大幅增加，我相信大部分人的答案是肯定的。所以，實體店不妨嘗試利用氣味做嗅覺行銷。

❖ 線上店舖的嗅覺行銷

　　嗅覺行銷是不是只有實體店才能做？當然不是，線上店舖也可以。

　　如果產品不是吃的，那麼可以在打包產品的時候，在包裝裡噴一點和品牌特性相符的香水。消費者打開包裝時就能聞到香味，這種香味會加深消費者對品牌的記憶。消費者再次聞到類似的香味，很可能就會想起你的產品，並且產生複購的欲望。

　　嗅覺行銷雖然已經有一定的歷史，但是對於很多消費者來說遇到的機會並不多。也就是說，嗅覺行銷還算是一個比較新穎的行銷方式，能夠吸引消費者的注意力。所以，無論是經營實體門市還是線上店舖，都不妨嘗試用嗅覺行銷這種方式，或許可以取得意想不到的效果。

4-07

價格行銷：6 大定價策略 助你搶佔市場

　　價格也是行銷的一個關鍵因素，對行銷的效果有很大影響。

　　季節性折扣定價策略是指，門市將常年經營的季節性商品，在淡季以較低的價格銷售給消費者。季節性商品是指需求受時間因素影響很大的商品，其特點就是隨著時間的推移，需求曲線呈明顯的拋物線分佈。對門市而言，採用這種定價策略具有兩個優點。

　　第一，減少商品堆積，降低經營風險。對於季節性商品，在銷售淡季折價銷售，可以大大減輕門市的庫存壓力、減少商品損耗並避免商品貶值。

　　第二，可以鼓勵消費者購買、提高銷量，加速資金回籠與周轉，減少資金佔用和利息支出。

　　雖然有以上兩個優點，但是很多門市經營者在實施季節性折扣定價策略時，常會遇到以下 3 種困難。

　　第一，折扣起始時間不易掌握，導致效果大打折扣。一般情況下，比其他門市早一步實施季節性折扣定價策略，可以獲得較好的效果，但這個時間並不好掌握。

　　第二，折扣幅度不易確定。折扣幅度與折扣效果息息相關，以寧波的家樂福超市為例，商品折扣幅度低於 30% 時，對消費者幾乎沒有吸引力，只有當商品的折扣幅度達到 40% 至 60% 時，折扣效果才比較明顯。當然，具體的折扣幅度取決於價格空間、門市的綜合實力和市場環境。但是這些因素都不好確定，所以折扣幅度也不易確定。

　　第三，實施季節性折扣定價策略要考慮成本。實施季節性折扣定價策略的基本原則是：一方面要保證消費者得到一定實惠，另一方面也要保證門市有一定的利潤。

　　門市在選擇實施季節性折扣定價策略的時候，一定慎重考慮以上 3 個問題。

❖ 心理折扣定價策略

　　此指門市針對消費者的心理特點，對商品大幅降價出售的策略。心理折扣定價策略既可以滿足消費者的消費心理需求，又可以促進商品銷售，因而對買賣雙方都是有利的。

　　寧波的家樂福超市經常會採取這種策略，具體做法是：經由一定的訊息管道，以非常優惠的價格對外出售部分商品，讓消費者認為很划算。但並不是所有商品都可以採取這種定價策略，此策略所選擇的商品主要是服裝、鞋帽等一般商品，很少針對高級商品。因為對高級商品採取心理折扣定價策略，有損

其在消費者心目中的形象。

因此，門市在選擇實施心理折扣定價策略時，一定要選擇合適的商品。

❖ 批量折扣定價策略

此指依據消費者購買的商品數量或金額，按照一定比例給予價格折扣，以鼓勵消費者大量購買和消費的定價策略。在實際操作中，門市經常採用的此種定價策略，主要有「累計數量折扣」和「一次性數量折扣」兩種方式。

累計數量折扣的典型例子，是根據消費者的購物積分點做贈送。其具體做法是：消費者在連鎖店一次性消費滿若干元，便可以得到一個積分點，積累一定的積分點就可以獲得獎品。積分點越多，所獲得的獎品價值越高。

累計數量折扣的優點是增加交易次數，降低銷售成本；缺點是若累計積分時間過長，易使消費者失去參與活動的興趣。

一次性數量折扣，是指零售商對於消費者一次性購買較多數量，或較大金額商品時，所給予的價格折扣優惠。

一次性折扣的優點是帶動門市人氣，激發消費者的購物衝動，提升門市的銷售業績；缺點是只能在短期內提升銷售業績，對正處在下坡路的門市不治本，而且無法提高消費者的忠誠度。

運用好此種定價策略的關鍵，在於設置好折扣標準和折扣比例，門市應根據自身經營目標、成本管理能力、競爭對手策略和傳統商業慣例等，合理運用批量折扣定價策略。

❖ 優惠卡折扣定價策略

此指門市經由某些方式向消費者發放優惠卡，當消費者持卡購物時，可以享受某些價格方面的折扣優惠。實施這一定價策略的目的，是以適當的折扣優惠和良好服務，來培養長期性的消費者，從而增加門市的營業收入。

此種定價策略主要適用於中低價、大眾化商品，不太適合高價商品。此外，它比較適合有固定客源和中等銷售規模的門市。

❖ 一次性折扣定價策略

一次性折扣定價策略是指，在一定時間內門市下調所有商品或服務的價格，以吸引消費者的注意力、激發消費者消費欲望的定價策略。該策略可以提升門市人氣，帶來短期經營業績，但是對於提高消費者的忠誠度作用不明顯。

此種定價策略適合經營大眾商品的門市，尤其新開張的門市效果顯著。

此定價策略的時間主要集中在店慶、節慶、季節性促銷、商品展銷等時期。隨著消費者生活水準提高，節假日往往成為消費者購物的高峰，門市如果能夠抓住這些機會，適時推出一次性折扣活動，就能取得很好的促銷效果。

要注意的是，如果其他競爭對手也採取相同策略，效果會受到影響，因此會面臨一定的經營風險。

此外，如果門市平時就採用此種定價策略，容易誤導競爭

對手，進而引發價格戰造成市場混亂。

❖ 折價券折扣定價策略

　　折價券最早出現在美國，折價券折扣訂購策略為門市常採用的行銷方式。指持有折價券的消費者在購物時，能享有折價券上所列商品的折扣優惠。此種定價策略有助於提升購物熱情、吸引更多消費者進店消費。

　　從國內外門市實施該定價策略的實際效果來看，此種定價策略存在店家內部管理不嚴謹或折價幅度太小、吸引強度不高、刺激消費者購物效果不顯著等問題。所以實施這一定價策略時，門市必須加強內部管理，建立完善的監督機制。

　　同時，設計折價券及其使用規則時，一定要事先進行深入的市場調研，嚴格限定發行範圍，認真觀察實施效果，為下一步擴大發行範圍奠定基礎。

4-08

文案行銷：想做好行銷，要當個「文案高手」

縱觀那些會做行銷的人，他們幾乎都是文案高手。所以，門市經營者要想做好行銷，就要先成為文案高手，接下來分享幾個成功案例。

❖ 用有趣的文案引人注意

我曾看到一家賣奶茶的實體店門口，展架上寫著這樣的話：「辛苦一天了，來一杯吧。放心，只要沒人看見就是 0 熱量。」

簡單的幾句話，不僅有趣還直指消費者的內心，這樣的行銷文案很容易激發消費者的購買欲望，這是比較簡單的一種行銷案例。以下宜家的燈泡使用說明書，堪稱升級版的文案行銷案例。

▲ 圖 4-4　奶茶店的有趣文案

換宜家的燈泡只需要 3 個步驟。

第一步，打開包裝。

第二步，換上燈泡。

第三步，20 年後重複一遍。

　　這 3 句話很簡短，把燈泡耐用的特性表現得淋漓盡致，我相信很多消費者看到這樣的說明書一定會覺得很好玩，且轉發到社交媒體中。

　　實際上，一般人都知道怎麼換燈泡，但宜家經由這樣的說明書，促進了品牌宣傳。

❖ 另類宣傳方式──事件行銷

　　有趣的文案可以出現在朋友圈、實體店展架上和產品使用說明書上，也可以用這些載體做事件行銷。

　　某外送平台上有一個店家被顧客投訴了，因為顧客在餐點裡發現一根頭髮。一般店家面對這種情況，會打電話向顧客道歉或退款。但這家店並沒有這樣簡單、低調地處理，而是高調處理這個投訴，以有趣文案的方式發到外送平台上，還因此登上微博熱搜榜。

　　「前段時間有位客人反映，外送出現頭髮。對此我們高度重視，終於找到了杜絕的辦法，那就是沒有頭髮。頭髮？什麼頭髮？我怎麼可能有頭髮。」

　　這位老闆實在太有趣了，為了改善顧客反映的外賣有頭髮的問題，竟然把自己剃成光頭，並且還在外賣平台上創建一個菜品系列叫「光頭日記」。這個「光頭日記」是用菜名和配圖的方式，寫下自己剃成光頭的心理感受。

　　例如「光頭第二天，吹冷氣頭涼身不涼」「光頭第三天，習慣性拿起洗髮精，然而已經搓不起泡沫」「光頭第四天，敷面膜不用撥劉海了」，內容非常有趣，讓這件事成為熱門話題，甚至登上微博熱搜榜。

　　這是一個萬物皆媒介的時代，可以寫字的地方、可以發圖片的地方都是媒介，所以我們不能僅僅盯著自媒體或朋友圈。但無論利用什麼媒介，都要以高品質的內容為基礎。

　　有趣的表達方式是文案行銷成敗的關鍵，我們可以先從自己的朋友圈開始，再擴展到實體店文案、說明書文案等媒介上。或者用有趣的文案做事件行銷，讓自己變成一個有趣的人，讓自己的品牌變成一個有趣的品牌，進而吸引更多流量。

　　如果你覺得自己想像力有限，想不出好的文案，可以在網

路上搜索「有趣文案」或者笑話，然後結合自己的品牌和產品，將貼近的文案改成自己的文案，這種方法難度比較低，適合初期採用。

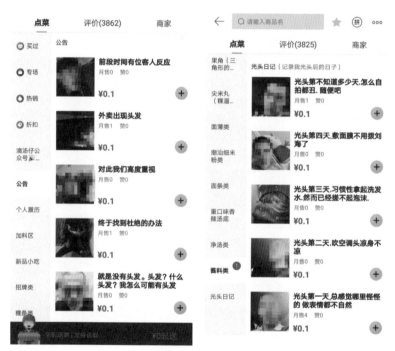

▲ 圖 4-5　店家的「光頭日記」成為熱門話題

4-09

排隊行銷：讓顧客多等待一些時間也無妨

　　商品的價值，並不只是由商品本身的功能、品質、品牌等因素決定的，更多時候是由生產商品必要的勞動時間決定的。所以，為了讓商品看上去更有價值，門市經營者要學會適當地「拖時間」。

　　我曾去過一家烤肉店，店裡的生意非常好，常常很多人排隊。當時我很疑惑：店裡明明有很多烤肉架，可以同時烤大量的肉，為什麼等待出爐的時間卻那麼漫長呢？

　　後來，一位跟這家烤肉店老闆很熟的朋友私下告訴我，這家店其實是故意這麼操作的。讓顧客等待烤肉出爐，可以給顧客一種食材很新鮮的感覺。還可以延長顧客排隊等待的時間，而排隊的人越多，顧客就越會認為店裡的生意非常好。

▲ 圖 4-6　讓顧客等待香味四溢的烤肉

　　聽朋友這麼一說我才知道，原來讓顧客多等待一些時間，也是門市行銷的一種策略。

　　我還發現一個很奇怪的現象，就是採取這種策略的門市，經營的幾乎都是「快產品」。例如，奶茶、滷菜、蛋糕等，這些都是可以提前準備好，客人來了可以直接下單、付款帶走的產品，門市的交易效率很高，但他們並沒有這麼做。

　　這些門市基本上都會找一個合適的理由，把交易的速度放慢，讓顧客有產品新鮮出爐的心理滿足感，並且可以製造排隊現象，讓顧客覺得店裡的生意很好。這種行銷方式非常有效，能夠讓產品價值感更強。所以，經營者可以嘗試一下，但是一定要根據自家產品的特點，設置一個合適的「拖時間」理由，讓顧客能接受、願意排隊等待。

　　實際上，這種策略還有很多其他的形式。

❖ 在產品說明書上拖時間

產品說明書也是一個很好的拖延時間方式，我們先看一個案例。

有一位銷售山楂酒的老闆，為了實現引流，設計出一款產品說明書，上面寫有他們所獲得的獎項。

我問他：「這個說明書的使用場景是什麼？」他說用來放在產品包裝裡。我又問他：「經由這個產品說明書想達到什麼目的？」他說想達到引流的目的。

但是，顧客很少會被這種「自賣自誇」的常規說明書吸引。如果在說明書上放一個 QR CODE，讓顧客掃描並關注微信公眾號，然後輸入產品的編號參加抽獎，才有可能觸發顧客關注，實現引流的目的。

這家銷售山楂酒的店也可以採取「拖時間」的行銷方式。例如，在酒蓋上寫一張紙條「注意：請勿直接飲用」。然後下面用小一點的字解釋，例如「由於本酒品質上乘，味道醇香，直接飲用等於暴殄天物，一定要掃描 QR CODE 查看正確飲用方法」。

這個 QR CODE 可以設為門市的微信公眾號，顧客關注後，微信公眾號會直接推送正確的飲酒方法，例如，用什麼杯子、是否需要冰鎮等。總之，最終目的是儘量拖時間，即使門市提供的方法並不能提升酒的口感，但是顧客經過儀式感的行為後，很有可能會產生這樣的心理：這樣喝，口感確實好很多。

一套流程下來，既讓顧客親身體驗酒的品質，又達到引流的目的，遠比常規地把獲得的獎項，或者和某位名人、專家的合影印在產品說明書上的效果更好。

❖ 利用活動拖時間

有一家婦嬰店，將「拖時間」這個行銷策略應用得淋漓盡致。

某段時間，某家婦嬰店推出一個免費贈送嬰兒護理產品的活動。活動不設門檻，只有一個明確的條件：必須到實體店，由店員幫忙在微信公眾號向總公司申請，才能拿到贈品。提交申請的時候需要登入一些資料，比如顧客手機、寶寶姓名、年齡、家裡有無汽車等資訊。這種方法其實就相當於收集顧客的資料，以備後用。

一般店鋪在登入顧客資料時，用電腦審核更方便、快速。但這家婦嬰店採取的是人工審核的方式，因此顧客都要等 10 至 15 分鐘，才知道自己是否有獲取免費贈品的資格。

實際上，所有人都能經由審核拿到免費贈品。這家婦嬰店這麼做，就是為了讓顧客在店裡多停留十幾分鐘，這個時間不長也不短，顧客基本上不會選擇出去逛一逛，而是會選擇在店裡等。

研究表示，空閒的時間很容易使人衝動消費，因為人們在

空閒時會不自覺地尋找身邊的事物來消耗時間。因此這個時候，顧客就會在店裡悠閒地逛一逛，且有可能購買一些原本不打算購買的商品，這就是婦嬰店舉辦這次活動的目的。

實際上，這種拖時間的方式並非這家婦嬰店的原創，美國有一家大型的百貨超市塔吉特，早就使用這種行銷策略。

人們在塔吉特百貨超市可以買到服飾、母嬰用品、電子產品、玩具、文具等商品，此外還有美妝部和藥局。

該超市每次做促銷活動的時候，都會大力宣傳店裡的處方藥，並告訴顧客：「如果你來藥局購買醫生為你開的處方藥，下次在塔吉特百貨超市買東西可以折扣 10 美元。」然而，顧客來這家超市買藥時，一般收銀員都會很忙，至少要等 20 分鐘，這就為過來買藥的顧客製造出 20 分鐘的購物時間。

總的來說，「拖時間行銷」的核心就是人為製造讓顧客等待的時間，延長顧客購物或使用產品的時間，進而滿足顧客的某種心理需求，促進顧客產生購物行為。

還有很多拖時間的做法可以用在門市行銷上，以上介紹的僅僅是冰山一角。經營者可以參考以上案例，並在此基礎上研究更多的拖時間行銷策略，為門市吸引更多流量。

4-10

傳單行銷：用充滿創意的方式發傳單

　　據統計，在大街上發的傳單的生命週期，往往比戶外廣告的生命週期短，90% 以上的單頁傳單，生命週期不到 5 秒。所以，傳統發傳單的方式的宣傳效果越來越差，我們更需要一些簡單、充滿創意的發傳單的方式。

　　有一個門市，專門在商場、超市的手扶電梯旁發傳單。手扶梯的最上方和最下方各站一個人，下方的人把傳單遞給乘手扶梯的人，然後會順口說一句：「看了以後，遞給手扶梯上面的人，有人收。」當手扶梯升到最上方後，果真有人會收傳單。

　　用這種形式發傳單，會給人一種緊迫感和新鮮感，讓人在搭手扶梯時忍不住看一看傳單。不僅吸引消費者的注意力，還幫助門市節省印刷傳單的成本。

　　因此，門市經營者不能局限於普通的發傳單方式，而是應

該拓展自己的思維，用更有趣的方式發傳單。

❖ 發傳單不如送塑膠袋

　　比起發普通的傳單，把行銷文案印在塑膠袋上免費發放，也是一種創意。若在電商平台搜索，關鍵字「訂做塑膠袋」，會發現便宜的塑膠袋一個才 3 分錢。印 1 萬個也才 3 百元。品質好一點的、大一點的塑膠袋成本，也不會超過一個 1 元，成本不高，而且贈送出去的覆蓋區域還很廣。

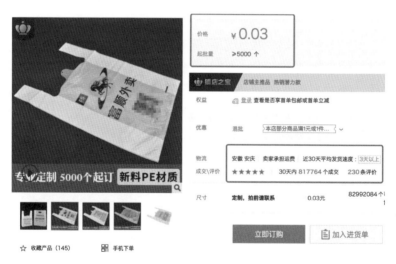

▲ 圖 4-7　塑膠袋也能作為宣傳品

此外，送塑膠袋執行起來也更簡單。可以找社區門口的小商店，免費將這些塑膠袋送給店家老闆，讓他們在顧客結帳時使用。這些老闆多半願意這麼做，而且有可能會讓你在店裡貼海報、放展架。

用塑膠袋宣傳要注意的一點是，塑膠袋上的文案非常重要，一定要精心設計，與目標人群有相關性。此外，宣傳時也要有動作引導，例如，做社區社群團購時，最好在塑膠袋上印上目標社區的名字，如「○○○社區福利：加微信可以 3 元買 2 個火龍果」，下方再放一個個人微信號 QR CODE，最後備註「○○○社區水果團購群」，這種活動流量轉化的效果會非常好。

我曾收到一張令我印象深刻的傳單。有一次回家時在社區門口，保全大哥遞給我一張小紙條，上面寫著什麼時間將舉辦住戶到哪裡春遊、摘櫻桃，大人多少費用，小孩多少費用，然後聯繫誰報名。我看了一眼立馬報名了，後來才知道這是某個農家和社區物業的合作方案。

雖然是兩個店家的合作方案，但是我看到這樣的傳單不會反感，很樂意報名。這種設計簡單、標語直白的傳單的宣傳效果也很好。如果你做的是社區周邊的一些生意，也可以嘗試這種做法。

顧客的朋友，也是行銷的好對象

　　鎮上有一個小家電商店，每天大概只有 20 名顧客。扣除房租、薪資、水電雜費等，每個月的利潤只夠老闆維持溫飽。老闆迫切想改變經營現狀，但是不知道該如何做。

　　我建議這家店可以嘗試裂變行銷的方法。例如，在店內做一個促銷活動，活動的規則是：即日起凡是在本店消費的顧客，只要加 3 元就可以得到一個電熱水壺；加 6 元可以得到 2 個、加 9 元可以得到 3 個，最多只能加到 9 元。且熱水壺只能送給朋友，還要求親自到店裡領取。店家每天會送出 20 個電熱水壺，先到先得，送完為止。

　　雖然這個電熱水壺不能自己用，但是因為價格便宜，再加上可以讓朋友開心，所以顧客會很願意加錢取得一個，甚至加買 9 元取得 3 個送給朋友。

　　假設一個顧客加了 9 元得到 3 個電熱水壺，店家會通知他的 3 個朋友來店裡拿。當這 3 個朋友來領取電熱水壺時，老闆可以再告訴他們：「我們超市正在做○○活動。每位進店的顧客都有一次抽獎機會，中獎的可以獲得一個超級大禮包。此外免費送一張會員卡，今天無論在店裡購買什麼產品，都可以免費，只要你依照今天消費金額的 2 倍儲值會員卡即可，儲值的金額還可以用於下次消費。」

　　例如，顧客選了一個 100 元的電器，這個 100 元的電器今

天不用給錢，顧客只需要儲值 200 元，就可以直接把這個 100 元的電器拿走，200 元可以之後再消費。

門市這麼做相當於幫顧客打折，大多數人都偏好於及時獎勵，因此很容易被這個活動吸引。這種活動設計不僅可以實現顧客裂變，還能實現顧客沉澱，也就是經由讓顧客儲值會員卡的方式，將其長期沉澱到店裡。

除了儲值，門市還可以選擇另外一種方式，例如「只要你在一個月內，邀請 3 名朋友購買不低於同等價格的商品，今天買的商品可以全額退還」。

只要有顧客進店，就可以不停重複上面的兩個步驟進行裂變。哪怕每次只有 10% 的成功率，長期堅持下去，裂變的效果也會非常顯著。

很多人可能會認為電熱水壺的成本太高，其實並不會。當然，這些產品未必適合你的目標消費群體。如果不適合也沒關係，可以在批發網站上搜索關鍵字「活動促銷商品」或者「贈品」，網頁上會出現各種品質有保障、價格便宜的商品。所以不要擔心贈品的成本問題，這個問題非常好解決。

以上案例只是對技巧層面的探討，經營者可以根據自己的行業屬性、產品屬性調整和改變。但思路是一樣的，就是經由將贈品送給顧客的朋友，以實現顧客裂變，然後經由儲值等活動將新顧客沉澱下來，最後形成一套完整的顧客裂變循環系統。

裂變活動的設計其實並不難，難的是實行。只要踏出第一步去做了，會有很多感受和經驗，最終就能掌握策劃和執行這類活動的技巧，成功幫助門市實現顧客裂變以及顧客沉澱。

¥3.50

正品不锈钢电热水壶 厂家批发热水...
1年
回头率：16.6%　　经销批发
成都市新都区

¥3.78

厂家批发正半球不锈钢电热水壶 自...
1年
回头率：3%　　生产加工
广东省湛江市　48

¥3.97　　30天成交797元

厂家批发正半球不锈钢电热水壶 自...
3年
回头率：11.7%　　生产加工
广东省深圳市　48

¥3.98　　30天成交48元

厂家批发正半球不锈钢电热水壶 自...
1年
回头率：3.6%　　生产加工
广东省深圳市　48

¥3.98　　30天成交355元

厂家批发正半球不锈钢电热水壶 自...
回头率：2.8%

¥4.40

保温盘/电热水壶保温盘/电水壶保温...
9年
回头率：13.3%　　生产加工

¥4.60

玻璃电热壶温控器/电热壶配件/电热...
8年
回头率：暂无数据　　生产加工

¥5.00　　30天成交24元

厂家直销 小家电不锈钢食品级电热...
4年
回头率：17.3%　　生产加工

▲ 圖 4-8　某批發網站

第 5 章

如何使顧客
從 1 到 N 爆發式成長

5-01

除了吸引流量，
公關 & 促銷更重要

門市引流的邏輯不在於活動本身，而在於「公關＋促銷」。

「腦細胞」社群裡有一位朋友，在北京某辦公大樓附近開速食店。臨近清明節時他問我一個問題：「如何在清明節做活動來提高銷量？」

我聽到這個問題的時候很驚訝，因為很少有人會選擇在清明節做活動。門市選擇在這個節日做活動，其實就是為了做活動而做活動，並不能成功引流。所以，我不建議門市隨波逐流，在各種節日做活動。

實際上，那些會做活動並經由活動成功引流的門市經營者，關注的並不是活動本身，而是公關和促銷。

一家速食店舉辦「老闆是大胃王」的活動，在店門口拉了一張橫幅，上面寫著：老闆是大胃王，最愛吃自家炒飯。接著老闆坐在餐桌前，開始一盤接著一盤吃炒飯，吃完後把空盤都疊起來。店員將整個過程錄製下來後，發到各個自媒體平台上。

這樣的活動其實不僅是在吸引流量，還在向消費者傳遞一個關鍵訊息：連老闆都喜歡吃自家的炒飯，食材必然地很新鮮、乾淨，因此消費者來店的可能性會更高。

所以，經營者想經由活動為門市引流，就不要為了做活動而做活動，要學會緊密結合自己的產品、品牌特點來做活動，達成「公關＋促銷」的行銷目的。「公關＋促銷」要注意的關鍵點，是掌握事件行銷的節奏感。

一般來說，行銷的步驟如下。

第一步，租一個場地，做一件有意義的事情。你可以簡單地將這個步驟理解為「演戲」，然後把有意義的事情全程拍攝下來，做成宣傳素材，交給媒體宣傳。

第二步，邀請媒體參加現場活動。只要活動符合記者的要求，有一定的社會影響力，他們通常很願意參加。所以，平時可以多留意記者或媒體資源。

第三步，讓網友參與進來。光有媒體曝光還不夠，還需要網友的互動和參與，才能觸及目標人群。例如，做一個簡單、可以實現互動的小道具，先讓意見領袖示範怎麼使用小道具，拍成影片。

再讓網友自己操作，拍成影片發到社交媒體上，然後持續

事件的熱度。當很多網友將影片上傳到社交媒體後，再進行一連串媒體宣傳報導。最後，活動結束。

　　以上就是事件行銷的完整步驟，能一步一步把活動推向高潮，引發關注。這種連環步驟需要門市經營者認真體會和學習，所有的事件行銷並不是發展到哪裡算哪裡，而是在一開始就要按照時間節點計畫和安排好，才能實現「公關＋促銷」的行銷效果。

　　如果門市經營者不知道如何才能撬動媒體，或者沒有那麼多預算，可以號召親友、顧客與資源幫忙宣傳。如果人數比較多，而且可以集中發佈類似的影片，熱度也會比較高。

　　所以，對於同一個活動主題，預算不同做法也不同。其本質就是經由事件傳遞價值觀，達成「公關＋促銷」的目的。

5-02

如何選擇線上宣傳的時機

有句古話說：「識時務者為俊傑。」同樣的道理，很多時候宣傳時機比宣傳本身更重要。

「腦細胞」社群裡有一位朋友，曾在臨近除夕的時候問我：「如何在除夕夜做宣傳？」我當時直接回覆他：「在除夕夜做宣傳不妥。」

雖然除夕看似是一個非常好的做宣傳的節日，但是實際並非如此，主要原因有以下兩點。

第一，人們在除夕夜的心情比較特別，會很開心也會很浮躁。在這樣的氛圍和心態下，很難平靜下來仔細看群組訊息，尤其是消費類訊息，因此在除夕夜做宣傳幾乎沒有效果。

第二，你能想到在除夕夜做宣傳，其他門市也能想到，再加上鋪天蓋地的祝福訊息，無法確保你的宣傳訊息不會沉沒在

訊息的海洋中。

「腦細胞」在春節的時候也會做宣傳計畫，所以我想用「腦細胞」的案例分析如何選擇宣傳時機。

我們會在除夕的倒數第三天，發微信公眾號推文，而且還是在看似非常不好的時間點 15:30 發。為什麼會選擇在這個時間點發推文？主要原因有以下三點。

第一，這個時間點很多人都回到老家一兩天了，跟家人聊天的熱情也過了，基本上都處於一個無聊的狀態。所以，這時以短文字、短影音形式發佈的商業訊息，點擊率會比較高。

第二，除夕前的倒數第三天，就算有人還沒有到家，也應該在回家的路上。這個時候他們也應該相對無聊，很有可能打開推播的訊息。

第三，避開其他店家的廣告。這個時間點幾乎不會有其他門市發廣告，也不會有人發祝福訊息。

結果發現，這個時間點發佈的文章，閱讀量轉化率將近10%。以上案例就展現了線上宣傳時機的重要性，所以門市經營者做線上宣傳引流的時候，一定要慎重選擇時機。

那麼，如何選擇時機呢？下面從 3 方面分析不同時間引流的重要性，然而具體上如何選擇時機，還需要經營者根據門市的實際情況而定。

❖ 以週為標準

星期一是週休二日剛結束、上班的第一天，大多數人有很多事情要處理。一般公司都會在星期一開商務會議或安排一週

工作，因此這天都會很忙碌。如果要打電話或者發微信宣傳業務，要儘量避開這天。如果的確有急事找顧客則避開上午，選擇下午或者晚上會比較好。

星期二到星期四，這 3 天是正常的工作時間，也是比較適合進行電話、微信宣傳業務的時間，行銷人員應當充分利用好這 3 天。

星期五是一週工作結尾的一天，如果這時打電話、發微信給顧客，多半得到的答覆是「等下週我們再聯繫吧」，因此也要儘量避開星期五。

星期六和星期天，這兩天通常網路流量較低，如果是微信平台的線上媒體宣傳，要儘量避開這兩天。但這兩天是抖音這類娛樂短影音平台的高流量時間，因此以娛樂類短影音做軟性宣傳的人，可以考慮這兩天。不過，週末 11：00 之前的時間，是線上宣傳比較合適的時段，因為週末早上很多人醒了不會馬上起床，而是會先刷朋友圈、看短影音。

❖ 以一天的時間為標準

7：00〜9：00

這段時間人們一般比較忙，但有兩個黃金時間點：一是馬桶時間，二是路上時間。像「腦細胞」這類比較內容偏理性的節目，選擇在這兩個時間點發佈是很好的。最初「腦細胞」選擇的是 21:00 發推文，但效果並不好。因為晚上是大多數人放鬆的娛樂時間，他們很難靜下心去學習。但是早上就不一樣了，頭腦清醒、對一天的工作有所期待，是學習類內容宣傳的

好時間點，因此「腦細胞」將推文時間改到 7:00。

9：00～10：00

這段時間大多數人正忙於公事，這時如果接到業務電話或者看到微信訊息，也無暇顧及，所以這個時間點並不適合門市做宣傳。

10：00～12：00

這段時間大多數人不是很忙碌，事情幾乎都被處理完了。因此，這段時間是電話、微信聯繫的好時段。

12：00～14：00

午飯和休息時間，除非有急事否則不要輕易打電話、發微信。

14：00～15：00

這段時間人會感到煩躁，尤其是夏天，所以不適合和顧客談生意，不過聊一聊與工作無關的事情倒是可行。

15：00～16：00

這段時間是打電話創造業績的好時段，這也是為什麼我們會在這個時間段接到很多騷擾電話。

18：00～20：00

這個時間段人們一般在回家的路上，適合運用微信公眾號發推文、朋友圈宣傳這類宣傳方式。

21：00以後

這個時間段一般人都在家，屬於比較放鬆、休閒的時間，適合在朋友圈、微信群、抖音等平台宣傳。不過不適合發佈長的文案和內容，因為內容太多看起來很累，所以宣傳的內容要偏輕鬆、娛樂。

❖ 以職業為標準

會計師：避開月初和月末，最好在月中對他們做宣傳。

醫生：11：00 ～ 14：00，最好在雨天。

銷售員：10：00 前或 16：00 後，最熱、最冷的時候，雨天會更好。

行政人員：10：30 ～ 15：00。

股票業：避開開市後，最好在收市後。

銀行工作人員：10：00 前或 16：00 後。

公務員：工作時間內，切勿在午飯前或下班前。

藥局工作者：13：00 ～ 15：00。

餐飲業：避開用餐時間，最好在 15：00 ～ 16：00。

律師：10：00 前或 16：00 後。

教師：放學後。

門市工作人員：避開週末或週一，14：00 ～ 15：00 最好。

家庭主婦：最好在 10：00 ～ 11：00。

報社編輯、記者：最好在 15：00 以後。

商人：最好在 13：00 ～ 15：00。

當然，除了時機外，宣傳的內容也要講究，否則再好的時機也未必有用。例如春節期間，我發佈的推文內容就很講究。

第一，文章的標題是「腦細胞春節值班通知」，有通知感的文案更能引起大家的注意。

第二，點開文章以後，可以發現我的第一個通知是影片形式，並且是真人出鏡。真人出鏡可以進一步拉近人與人之間的

距離，成功與他人建立信任，信任感對商業轉化非常重要。

　　第三，推文中的第三條通知，我寫的是「無論之前自己的生意怎麼樣，2020 年開始，高臻臻本人願意和你一起在社群裡結伴前行」，這句話非常符合大家對未來美好期望的心理需求。

脑细胞春节值班通知

通知一：
据说，点开了本文的老板同学，特别是点开了上方16秒视频的同学，2020年运气都不会差，必行大财运。

通知二：
春节期间，高臻臻本人依然会在脑细胞老板社群里解答、讨论老板同学们的问题，全年无休。

通知三：
凡除夕日之前加入脑细胞老板社群（包括老同学

▲ 圖 5-1 　「腦細胞」在春節前發的推文

5-03

平台花大錢補貼產品，是一種行銷策略

有一位老闆問我：「某平台補貼銷售 iPhone 手機，這些 iPhone 手機是真貨嗎？」我很能理解他為什麼會提出這樣的問題。

在我看來，平台重金補貼的 iPhone 手機應該不會是假貨。因為對該平台來說，好的口碑比什麼都重要，會直接影響平台所屬公司的股價，如果賣假貨那真的是得不償失。該平台之所以花重金補貼銷售 iPhone 手機，其根本目的是引流，這種行銷邏輯非常值得門市學習。

具體來說，電商平台巨額補貼背後的行銷邏輯，體現在以下兩點。

第一，由於蘋果的產品是電子產品裡價格透明、相對保值的，所以顧客對於撿到便宜的體驗感非常強烈，這使享受過平台補貼的顧客，其留存率達到 60% 以上。

有個門市經營者說，他從國外酒莊進口幾百元的紅酒來當贈品，但引流效果很差，這是為什麼呢？

因為大部分人不懂紅酒，而且紅酒的價格參差不齊，有幾十元的，也有上千元的，顧客不會清楚知道你送的紅酒價格高，甚至會覺得你是用便宜的紅酒來打發他。所以，門市做活動的時候，一定要選擇顧客有價值感知的商品來當贈品，才會有效果。

關於贈品選擇，可以查活動近期各大電商平台的熱門商品數據，尤其是排行榜上的商品。例如重陽節時，電商平台就有一個商品銷量上升特別快——智慧拐杖。

智慧拐杖聽上去是一個有科技感的商品，實際上就是帶有導航定位系統，可以防止老人走失的拐杖。此外，還帶有手電筒和收音機，可以滿足老人家的基本需求。智慧拐杖在某平台的價格是 100 ～ 300 元，但是在採購批發網上，一個智慧拐杖的進貨價才 40 ～ 70 元。這種顧客認知度高、名稱高級的商品，就很適合當贈品。

選擇好贈品後，我們還可以包裝故事。例如，你是一家教育培訓機構的老闆，那麼可以做這樣的活動：邀請孩子來挑戰 2 分鐘算 30 道數學題。只要在規定時間內做完，並且全部正確，寒假班的學費可以打 8.5 折，此外，還可以為爺爺奶奶贏得一根智慧拐杖當作禮物。這樣做比單純打折的銷售效果好得多，因為家長既喜歡讓孩子去嘗試挑戰，參與各種社會活動，又期望讓孩子學習尊敬老人。

第二，iPhone 手機用戶的購買力更強。電商平台如果能夠吸引這些顧客群，那麼平台消費群體的品質就會提升。顧客的

▲ 圖 5-2　智慧拐杖是重陽節的熱銷商品

品質提升，人們對平台的認知會改變，平台的影響力也會隨之提升。這個時候，人們對該電商平台的接受度會更高，選擇該電商平台的顧客也就更多，這其實就是該電商平台的一種行銷策略。

　　有一位攝影師朋友曾告訴我：「提升一個普通產品的方式，就是在它的旁邊放一個高級的產品，並同框拍照。」

　　根據該電商平台比較樂觀的模型預計，這些有經濟實力購

買 iPhone 手機的顧客群，只要留存在該電商平台上，未來數年將貢獻數千元甚至上萬元的長期消費額。所以計算下來，該電商平台補貼的這幾百元是相當划算的。

以上兩點是值得門市借鑒的，但在沒有大資本介入的中小型企業，這種補貼的做法還是儘量不採用。

5-04

佔便宜思維——
要讓消費者感覺賺到了

很多門市經營者認為，做行銷活動的時候一定要讓消費者感覺到優惠，才能吸引消到他們，成功實現引流。其實有沒有優惠不重要，讓消費者覺得到佔便宜才重要。

門市的消費者大致分為 3 類。

一是有「硬需求」的人：這類人對商品的態度是勢在必得。二是有「偽需求」的人：這類人對商品的態度是可有可無。三是有「軟需求」的人：商品對於這類人就是多餘的。

第二、第三類消費人群看似消費動力不足，但他們如果感覺到自己「賺到了」，就會產生消費衝動。天貓的雙十一購物節，之所以能夠引起消費者熱烈的反響，就是因為很多人認為在這天購物會便宜很多。實際上並沒有便宜很多，只是他們「感覺」便宜很多，而這種感覺會激發他們的購買欲望。

1893 年，美國赫赫有名的亨氏食品公司，去芝加哥參加世界博覽會，不幸的是，亨氏食品的展位非常差在二樓，幾乎沒有人會經過。怎麼辦呢？善於做行銷宣傳的公司創始人 H.J. 亨氏苦思冥想半天，想到一個很好的行銷創意。

　　他們這次有一個主打產品──醃黃瓜罐頭，他馬上聯繫工廠用銅做幾千個小黃瓜紀念品，背後還有一行字：「撿到的人可以到二樓領取免費紀念品。」然後他把這些小黃瓜撒落在博覽會人流量大的地方。

▲ 圖 5-3　亨氏食品的小黃瓜紀念品

亨氏食品公司历史档案官网对该事件的记录

At the World's Columbian Exposition in Chicago in 1893, H. J. Heinz found his company's exhibition space located on the second floor of the Agricultural Building away from major attractions. To draw visitors, he printed tags offering a free souvenir at the Heinz display and scattered them on the fairgrounds. Hundreds of thousands of people climbed the stairs to the Heinz exhibit, where they tasted food samples and received a pickle charm. The popular little pickle charm evolved through 10 different shapes and styles into today's pickle pin. The pickle pin has been called one of the most effective marketing promotions of all times.

▲ 圖 5-4　亨氏食品歷史檔案官網記錄了小黃瓜事件

數千個小黃瓜陸續在會場上被發現，那些撿到小黃瓜的人都覺得自己又幸運又有優惠可佔，於是紛紛跑去二樓的亨氏食品公司領取紀念品。很快地，無人問津的二樓變得人滿為患，會展負責人甚至擔心二樓會崩塌，不得不請木匠重新加固。最終，亨氏食品公司僅僅在會展期間，就淨賺 50 多萬美元。

這是被記錄在冊的有史以來，最有效的促銷案例之一，利用的就是消費者佔到便宜的心理。

那麼，門市如何做才能讓消費者感覺自己賺到了呢？

❖ 在價格上花心思

在價格上花心思，很容易就可以讓消費者感覺到自己賺到了，我們先來看看以下兩種關於產品價格的說法。

第一種說法：買一把 500 元的鍋，送一套 100 元的碗筷。
第二種說法：買一把 499 元的鍋，加 1 元即可購買一套 100 元的碗筷。實際上，這兩種說法的總價格都是一樣的。但是，人們通常會認為第二種說法更便宜，為什麼會有這樣的心理呢？主要原因有兩點。

第一，只要加 1 元就可以買一套碗筷，讓消費者有賺到的感覺，緩解了對 499 元高價格的焦慮，可以提高購買的機率。

第二，一個是花 1 元買，一個是送，「送」和「買」在消費者心裡的差別其實非常大。一般來說，消費者會覺得買的比送的東西更加實在，而且他們會存在一種主動心理，買的東西是自己需要的，而送的東西是沒什麼價值的。

　　「腦細胞」也曾做過一個關於價格設計的小實驗：我列舉以下兩組價格，目標是要買 16 到 30 元的商品，讓社群裡的老闆們指出認為價格更便宜那一組。

　　第一組價格：16 元、18 元、20 元、30 元、35 元、38 元。
　　第二組價格：16 元、18 元、20 元、30 元、108 元、188 元。

　　大部分人選擇了第二組。也就是說，大家同樣買 16 元到 30 元的商品，但是第二組價格會讓人感覺比第一組的價格更便宜。

　　這就是一個讓消費者感覺自己賺到的簡單方法。所以，設置產品價格時，一定要設置對比價格，哪怕最貴的那些產品一直賣不出去也沒有關係，星巴克採取的就是這種方式。

　　星巴克前台最明顯的位置會放一排依雲（Evian）礦泉水。星巴克一杯美式咖啡的價格是 25 元，而一瓶依雲礦泉水的價格是 22 元，這麼一對比下來，大家就會覺得咖啡的價格很便宜，購買的欲望便會更強烈。

　　雖然很多人說要理性購物，但實際上大部分人購物時都是感性的。感性是這個世界的主旋律，特別是在生活節奏快的時代，感性的、直覺式的決策，更符合這個時代高效運轉的要求。所以，有時候並不一定要大降價，而是要學會利用價格烘托出賺到的感覺，很多消費者都會跟著這種感覺下單。

❖ 營造可以佔便宜的氛圍

除了在價格上花心思外，我們還可以經由營造氛圍，讓顧客產生佔便宜的感覺。

某社區樓下開了一家雜貨店，這家店裡裡外外的標語都暗示著商品非常便宜。

這家店的店名是「點點利商品折扣店」，點點利就是薄利多銷的意思。店裡還有各種誇張的標語，例如「寧賺百人一毛，不賺一人十塊」「點點利的客戶都是蓋世英雄，總有一天他會跟你說比了很多家，還是點點利靠譜」。只要消費者進店，就能感覺到這個店充斥著便宜的氛圍，因此吸引了很多流量。

這家店的商品價格真的便宜嗎？我相信不是所有商品都做到絕對便宜。據我瞭解，旁邊的店家商品更便宜，但這家店家生意卻更好，因為它營造了一種便宜的氛圍。

對大多數消費者而言，資訊是不對稱的，也就是說，他們並不清楚商品的實際價格。所以，門市經營者完全可以經由菜單、傳單、名片，甚至牆上標示「平民價格」「更實惠」等字眼，反覆強調自家的商品價格很便宜，從而給消費者一種便宜的心理暗示。

即使不是真正的低價，消費者心理上也會感到滿足。因此，店家有時銷售的不只有商品，讓消費者心裡舒服也屬於銷售中的重要部分。

▲ 圖 5-5　店家營造出便宜的氛圍

❖ 先提價後給券，增強佔便宜感

先提價，後給券，也是增強消費者佔便宜感的一種有效方法。

有一家米線店，一碗米線的價格在 25 元左右，是附近所有店裡價格最貴的而且從不打折。但該店會送折價券給顧客，

例如一張折價券 10 元，消費滿 30 元就能折 10 元，抵扣給得很大方，因此吸引很多消費者拿著折價券進店消費。

這些消費者為了達到使用折價券的門檻，會主動加點一份小菜或飲品，再心滿意足地拿著一張新的 10 元抵價券離開，下次來又可以使用。

其實，這家店是故意把價格提高，再藉由發折價券把價格降到正常水準。這麼做不僅能讓消費者感受到優惠，還給他們一個反覆消費的理由。

「腦細胞」公司樓下的一家麵店也是這樣做的。消費者到該店吃麵時會獲得一些小菜折價券，為了用掉券，消費者就會主動點一些原本沒打算點的小菜。而小菜的價格往往會比抵用券的金額稍高一點，這就變相提高了店裡的客單價。

門市經營者可以借鑒這樣的方式，讓消費者產生佔便宜的感覺。但高價商品可以降價，低價商品不建議抬高價格。

▲ 圖 5-6　麵店送的折價券

❖ 用合理的贈品來增強佔便宜感

除了在價格上給消費者佔便宜的感覺，還可以借助合理的贈品，來增強這種感覺。

有一家餐廳推出了一道叫「三鮮蒸水蛋」的菜，這道菜是一道名副其實的兒童餐。菜單上的標價為 23 元，旁邊有一個備註：兒童餐小份免費。

餐廳將蒸蛋價格定得比較高，但因為是贈送的，讓媽媽們感覺很划算，事實上，廚房裡準備的也都是小份的。

一小份免費的蒸蛋就拉攏了媽媽和孩子的心，下次帶著孩子用餐時首先就會想到這家餐廳。有了情感記憶，更容易強化顧客的黏性。

除了這種送贈品的形式，將合理的贈品在合適的時候，出其不意地送給消費者，也會讓消費者感覺佔到了大便宜。例如，有些餐飲店會在消費者結完帳離開時，送一瓶礦泉水或一罐可樂，僅僅幾元的東西，卻讓消費者感覺佔到大便宜。

所以，門市經營者要想辦法給消費者佔到便宜的感覺，刺激消費欲望。

5-05

除了打折，還可以創造「衝突」引發話題

　　打折是門市常用的一種行銷方式，這種行銷方式雖然有一定的引流效果，但是有一個弊端：只能吸引對價格敏感的人群。也就是說，對那些對價格不敏感的人群而言，這種行銷方式的效果不大。

　　有一家主營魚頭粉的門市，初開業的時候每個月的營業額在 16 萬元左右。但過了 3 個月後，門市的營業額開始急劇下滑，直接跌到一半。為此，這家店準備採取打折促銷的方式來引流。

　　一般的打折促銷，吸引來的都是對價格敏感的人群，很容易形成惡性循環，即只有打折才有顧客，不打折就沒有顧客，這顯然不利於門市長久的發展。實際上，除了打折外，門市經營者還可以經由創造人群衝突來引發傳播。

北京的「西少爺」肉夾饃店，在周圍都是網路公司的北京商務中心區做了一個行銷活動：網路公司的員工憑識別證可以免費領取一個肉夾饃，但○○公司的識別證除外。這個活動推出後，引發了激烈討論，人們不知道為什麼○○公司是例外。很快地，這個活動的消息就在該區域傳開了。借著輿論的力量，該店成功實現引流。

這就是一個典型經由創造人群衝突來引發傳播的行銷案例。一旦有衝突，就會引發議論；一旦有議論，就會被關注，就會被不斷傳播。所以不得不承認，這個肉夾饃店的行銷策略非常高明。

也可以用一般人的名字創造人群衝突，實現引流。例如：今天所有叫「李雪」的人帶身分證來店裡能享有半價優惠。這種打折形式比較有趣、更能吸引顧客，而且獲得優惠券的顧客，説不定還會在社交媒體發文：「感謝爸爸媽媽，沒想到你們給我取的名字還能在今天派上用場」。這種行銷還有一個好處，可以引發朋友之間的分享，進而促成小型的事件行銷。

這些都是比較簡單的人群衝突，我們再來看看更有趣、傳播力度更強的「名字行銷」。

2018 年雙十一的前十幾天，京東電腦數碼在微博上發佈一個話題叫作「一百萬找王元做代言」。具體的規則只有兩條：假如你叫王元，報名來當京東的代言人，即可參與平分一百萬元獎金的活動；假如你不叫王元，幫忙轉發活動，也可以領取 1111 元的優惠券大禮包。

　　為了宣傳這個活動，京東在線上、線下投放了很多廣告，例如地鐵站廣告、牆面廣告等。這個活動受到廣泛關注，被大量轉發。一些網友甚至在微博下面回覆：「我現在去改名字，還來得及嗎？」最後，全國有 1 千多位叫王元的人報名參加這次活動。

▲ 圖 5-7　京東電腦數碼的「尋人啟事」宣傳文案

▲ 圖 5-8　京東在地鐵站、牆面投放的廣告

最後，被選中的王元們拍了很多活動海報，真的成了京東代言人，我們來看看京東的王元版宣傳海報。

這位王元，20歲，男性，舞者，代言的文案是「想玩Hi-Fi耳機，20歲不想聽話，想聽歌」。

▲ 圖5-9　想玩 Hi-Fi 耳機的京東代言人王元

這位王元，23歲，男性，編劇，代言文案是「想玩投影機，從電影裡觀察生活的倒影」。

▲ 圖5-10　想玩投影機的京東代言人王元

這位王元，34 歲，男性，市場經理，代言文案是「想玩運動手錶，把中年危機一步步踏在腳下」。

▲ 圖 5-11　想玩運動手錶的京東代言人王元

這位王元，28 歲，男性，私營店主，代言文案是「想玩高級遊戲主機，在平凡生活裡做一會兒英雄夢」。

▲ 圖 5-12　想玩高級遊戲主機的京東代言人王元

這位王元，女性，媒體工作者，代言文案是「想玩運動相機，好動不是小孩子的特權」。

▲ 圖 5-13　想玩運動相機的京東代言人王元

這位王元，36歲，女性，大學教師，代言文案是「想玩無人機，人民教師也可以很極客」。

▲ 圖 5-14　想玩無人機的京東代言人王元

這次代言人召集，把京東背後的人群畫像具象化，也就是把京東背後到底是哪些人在買東西，形象化展現在我們的面前。讓和這些「王元」一樣行業、一樣年齡、一樣需求的消費者，有對號入座的機會。讓更多的消費者產生一種「我以後是不是也應該多在京東上消費」的想法，這也是京東這次行銷活動成功的關鍵。

　　我們可以從京東的這次活動中學習到什麼呢？如果想創造人群衝突引發傳播，該如何做呢？

❖ 制定清晰的活動流程

　　京東「一百萬找王元做代言」活動的整個流程非常清晰。

　　第一步，發佈全國尋找王元的消息。

　　第二步，引導大家轉發。

　　第三步，適當地投放各種線上、線下的廣告。

　　第四步，篩選王元，並給王元們拍代言廣告。

　　第五步，把王元們代言的廣告發佈出去，形成一個個有效的傳播。

　　活動整體的節奏感非常強，可以說是一次非常成功的事件行銷活動，步驟、節奏感都值得門市經營者學習。

❖ 尋找大眾代言人

　　請明星做代言人不但成本高，而且有各種潛在風險。例如，某個明星的形象、氣質雖然適合京東，但如果該明星有競品的代言或代言品牌太多，就會稀釋代言的影響力。又或者一旦明星被曝出負面新聞，那麼代言的品牌也會受影響。

　　所以，現在越來越多品牌會找大眾當代言人。這種方式不但顯得品牌重視消費者，而且性價比更高，互動性也更強。

❖ 小範圍地召集一般人來代言

　　雖然一般門市沒有京東的財力，無力做如此大型的事件行銷，但可以小範圍地召集王建國、王小明等來代言。

　　例如，一家小餐廳可以發起這樣的活動：只要同桌吃飯者有一位叫王建國的顧客，那麼這一桌就可以打 5 折。活動名稱就可以直接叫「王建國，這個月請你吃飯」，這種行銷模式無論線上上還是線下，都會引發一些傳播。

5-06

成本思維：
儘量做成本低的活動

如果活動的投入超過回報，那麼無疑是一個失敗的活動。所以，門市經營者做活動的時候，一定要具備成本思維，儘量達到低成本、高回報。

成都餐飲圈有一個專門替人轉發朋友圈的微信群，這個微信群裡的人都活躍於成都餐飲圈，例如，美食 KOL（key opinion leader，關鍵意見領袖）、大眾點評的美食達人，以及其他行業的 KOC（key opinion consumer，關鍵意見消費者）等。經由相關人士的組織後，集中到同一個微信群裡。

如果有餐飲店做活動，就會把需要轉發的內容發佈到該微信群，讓大家幫忙轉發，然後在微信群裡發一個紅包，紅包的金額一般不會少於 2 百元。

有些餐飲店會發上千元，紅包金額越高轉發的人就越多，一般情況下，一次至少有幾十個人轉發。若依照每人的朋友圈

好友 2 千人來算,所有人轉發就可以覆蓋幾萬人甚至 10 萬人以上,而請一個擁有 10 萬粉絲的微信公眾號做宣傳,廣告成本至少需要五、六千元。

整體來看,這種借助微信群做行銷活動的成本較低,值得門市借鑒和學習。比如,門市經營者可以經由邀請的方式,把自己的朋友圈、顧客群裡的人邀請到同一個微信群裡,具體的設計規則如下。

▲ 圖 5-15　品牌宣傳推廣群

　　首先要給微信群裡的成員特殊福利，例如微信群內好友到店裡消費享有 VIP 折扣（打折或其他形式）；每週在微信群裡抽取若干個「霸王餐」、若干個免費獎品等（有助於引流到店）；按照規定轉發門市推送的文章或其他內容到朋友圈，可以獲得對應的回報（現金、抵用券、禮品等）。經由這樣的方式，門市既可以實現顧客沉澱，也可以形成傳播。

　　很多人看到這裡，會有一個疑問：大家對這種轉發不是都比較排斥嗎？ 對此，我有一個觀點想分享。

　　這類活動有人會排斥，也會有人願意參與。社群是一個這樣的組織：不斷篩選人、最後留下同頻的人。只要條件夠誘人，就會有人願意參與。

　　比如，門市給參與的顧客辦一張會員卡，顧客只要轉發一次，就把顧客上次消費額的 10% 歸入會員卡裡。顧客若轉發門市 10 條內容，上次消費的錢就全部歸入會員卡了（歸完為止）。類似這樣的活動對一定的客群和業態，有觸動轉發的價值，這些人大多願意做。所以，轉發活動的關鍵在於門市設計的規則，是不是有觸動轉發的價值。

　　低成本、高回報是任何一個門市做活動的最終追求，從以上案例也能看出，有時低成本的活動，遠比高成本的活動轉化效果好。但是，做低成本的活動也要講究策略，門市經營者要學會設計能觸動轉發的「按鈕」。

5-07

裂變思維：
讓老顧客拉進更多新顧客

提到行銷、宣傳，很多門市經營者首先想到的，是去哪裡投放廣告、去哪裡做一場活動。其實，老顧客也是好業務員，讓老顧客介紹新顧客，遠比做廣告、做活動開發新顧客效果更好。

讓老顧客介紹新顧客其實就是裂變思維，那麼如何才能讓老顧客轉介紹，實現裂變呢？

❖ 建立微信群，拉近老顧客

第一個技巧就是號召老顧客拉朋友進微信群，群裡每增加10 個人就給優惠，金額不需要太大，1 ～ 5 元即可。每滿 1 百人、2 百人的時候，可以給更高的優惠。

我的一位朋友，曾經幫主營床上用品的店做社群裂變，採

用的就是這個簡單的方法。最後，這家店一週銷售了 20 多萬元的商品。

這家店的具體裂變方法分為 4 步。

第一步，讓店員到線下去拉人加入微信群，告訴大家這個微信群本週末要做活動，只需要花 20 元就可以買一個記憶枕，並提醒他們到時候留意信群裡的消息。

第二步，有了第一步的種子顧客後，因為還沒到週末，店員可以隨時在微信群裡發消息，讓大家把自己的朋友也拉進來，參加 20 元買記憶枕的活動，而且每滿 10 人、20 人還有現金折扣。這樣一來，很多人就會去拉人進群，流量就能實現裂變。

第三步，週末的時候，告訴大家 20 元買記憶枕的活動要在某個實體店舉辦，而且店裡還有其他各種吸引人的福利。

第四步，等微信群裡的顧客到實體店後，門市再經由升單策略，將 20 元的記憶枕升級到幾百元的寢具。這次活動最後共賣出了 20 多萬元的商品，這種裂變方式雖然比較老套，但是對某些人群依然有效。

❖ 給老顧客免費，但要讓他們出力

我有一位朋友，是做國外導遊英語培訓的，主要培訓方式是在微信群上課。她的引流方式也蠻簡單、直接，就是在微信群開免費課程，雖然聽課的人可以不用付錢，但是他們必須出力。

　　進微信群聽課的人必須發朋友圈，邀請更多的導遊朋友一起來聽免費課程，群主會專門安排一個人來檢查每個人的朋友圈。

　　例如，距離開課還有 5 天時間，這 5 天裡，群裡的人每天必須發一條朋友圈來為這個課程引流。如果學員在開課前沒有完成發朋友圈的要求，就會被移出微信群，也就不能聽課了。這種引流模式效果非常好，在短時間內吸引大量學員，裂變了近百個微信群。

　　引流裂變的方法有很多，但是邏輯都相似，那就是讓老顧客都積極動起來、讓老顧客介紹新顧客。

5-08

圈層思維：
鎖定特定人群，做深度開發

　　鎖定特定人群，開發小圈層也是一個有效的引流方法。但不是所有的門市都適合用這種方法，我認為以下幾種行業，可以用圈層思維來引流。

❖ 紅酒

　　有一家銷售紅酒的實體店，主打產品是女性酒，銷售管道主要是經銷商、線上團購。跟同行相比，該店的優勢是只針對 80 後、90 後的女性銷售。該店創始人是品酒師出身，擅長做紅酒培訓。就該店的整體情況來看，較適合的行銷策略就是鎖定特定人群，用紅酒培訓做圈層。

　　紅酒培訓課可以收費，也可以免費，主要目的是引流。這麼做雖然轉化的速度慢，但是長期做下去，會得到不錯的轉化率。此外，關於紅酒培訓課招生的問題，一定要突破慣性思維

去做。例如,可以在抖音平台上,上傳有關花式品酒方法的短影音。

除了紅酒培訓課外,也可以做紅酒品鑒會。但像紅酒這種小眾的產品,參與品鑒會者最好不要超過 10 位,一定要小圈層爆發。雖然 10 個人看似不多,但是如果每個人都有良好的體驗,轉化率會相當高。

❖ 私房菜

我有一位做私房菜的朋友,他的餐廳行銷方式是吃飯免費,但喝酒收錢。他的顧客數量不多,但來吃飯的客人都喜歡喝非常好的酒,一頓飯吃下來,光喝酒可能就要花幾千元甚至幾萬元。他們每天只接待一桌,即便如此,每個月的營業額也非常高,這就是典型的用圈層思維創造利益。

❖ 親子餐廳

上海市的郊區有一家親子餐廳,位置非常偏僻,附近也沒有住宅區。剛開幕的時候沒有什麼生意,於是,餐廳開始針對特定顧客群定期做活動。這些活動豐富且有趣,例如復古派對、親子活動、插畫、披薩教學、心理諮詢課等。

這些活動非常適合家長帶孩子參加。因此很多顧客都會帶孩子來玩,甚至有的顧客會直接包場。他們還會主動發朋友圈或分享給其他家長,讓他們也來體驗,就這樣慢慢建立起了圈層,也成功實現引流。

　　以上 3 個是比較適合做小圈層的行業，因為這些行業都有較特定的顧客群。所以如果你經營的產品受眾面比較小，那不妨鎖定特定人群，建立小圈層。雖然這些顧客群的人數不多，但長久下來你會發現小圈層也會有大收益。

5-09

異業合作思維：
拿捏好 3 種關係，才能雙贏

　　很多公司和店家會異業合作，但就我看來，90% 的異業合作都是無效的。為什麼這麼說呢？因為一般情況下，他們都會更關注自身的利益，導致矛盾頻出。我曾聽過這樣一個說法：很多人去讀 MBA（Master of Business Administration，工商管理碩士）其實不是為了學知識，主要是為了認識人、結交資源。但最後他們最後才發現，自己才是其他人的資源。

　　異業合作同理，你想從別人手上獲得顧客資源，別人也是這樣想的，最後的結果就是「三個和尚沒水喝」。雖然 90% 的異業合作都不成功，但是還有 10% 的異業合作是成功的。

　　為什麼這 10% 的會成功呢？異業合作關係有 3 種關係，即俯視關係、仰視關係和平視關係。不同的關係要用不同的合作方式，才能深度融合，實現有效合作。

❖ 俯視關係：儘量不要和對方的老闆溝通

異業合作時，儘量不要和對方的老闆溝通，否則合作很難成功。首先，老闆的關注點一定在自己的門市上，所以和對方的老闆溝通合作的成功率較低；其次，對方老闆可能會安排不太瞭解情況的下屬，跟你對接合作事宜，在這種情況下，合作自然難以取得成功。所以，建議儘量跟異業的員工溝通合作。

我有一位朋友是開馬場的，他的其中一個獲客來源就是酒店。

騎馬是比較小眾的需求，但是對於一種人來說騎馬可能是剛需，那就是要結婚的新人。大多女孩子都做過關於白馬王子的夢，如果結婚的時候能拍幾張騎馬的婚紗照，那麼她們一定會很開心。新人在籌備婚禮時，第一個想到的事情就是選酒店，所以酒店是所有新人的第一流量入口，當然也是騎馬的目標受眾的第一流量入口。

經過這樣的分析後，我的朋友靠關係找到不少酒店。但他沒有找酒店的老闆，而是專門找酒店的員工（例如酒店經理）溝通合作。當酒店經理接觸到新人，與新人建立一定的情感信任以後，會從關心的角度問一句：「你們在哪裡拍婚紗照啊？我有一個朋友是開馬場的，你們有需要可以去那裡騎著馬拍婚紗照。」

酒店經理只要成功推薦一單，就可以拿到抽成。訂單多的時候，一個月的抽成甚至超過在酒店拿到的薪水，所以他們很樂意推薦。相反，如果我的朋友跟酒店老闆溝通合作，他們不

一定看得上這個抽成；即便他們答應合作也不會很重視，執行力也就大打折扣了。

採取這種模式進行異業合作後，我朋友的馬場每個月至少有 30% 的收入來源，是各個酒店的員工貢獻的。同時，來拍騎馬婚紗照的消費者，還有一定比例的人會沉澱下來學習騎馬，整個專案很快進入良性循環。

所以異業合作時，和關鍵職位的個人溝通合作，才是最有效率的，這一點比較適合銷售型的行業和產品。

❖ 仰視關係：典型的後端贏利模型

「異業合作是一個典型的後端贏利的模型」，這句話好像有點奇怪，但事實上確實如此。

有一家人想找打掃阿姨，物業向他們推薦了一個人，說這個阿姨只接高收入家庭的案子、只做鐘點。試用一週後，他們覺得這個阿姨非常優秀，而且這位阿姨根本不能叫「阿姨」，因為她才 20 多歲，不僅年輕還有錢。

有一天，這位阿姨給雇主帶來一些自己家種的有機蔬菜，並且成功說服雇主加入一個「○○有機蔬菜」的合作專案，以月費的方式收取菜款，每兩週送 3 次新鮮蔬菜，由這位阿姨親自送上門。

大家關係更熟以後，這位阿姨給雇主留了一張名片，上面寫著「○○果蔬有限公司銷售總監」，並說：「大姐你放心，

我的所有雇主都吃我們家的菜，沒有說不好吃的。我們村裡的所有女人都是清潔阿姨，但不靠做打掃賺錢，而是靠賣菜賺錢。但是工作上一定讓你滿意，畢竟做的不好，你就不會定我們家的菜了。」

　　一般來說，有機蔬菜供應給散戶很難實現引流獲客，除非是供應給機構、學校這樣的地方。打掃和有機蔬菜原本是毫不相關的兩個行業，但是這位「阿姨」特別聰明，用打掃工作來引流，和雇主建立信任之後再賣菜。雖然有點繞，但是一步一個腳印地開拓市場，半年、一年下來，有機蔬菜的顧客數還是挺可觀的，這就是一個典型靠異業合作來實現後端贏利的案例。

　　異業合作是一個不講感情、不講關係，只講利益的方式，而且最好還是大利益，為自己的專案找到一個可以後端贏利的方式。

　　把異業合作做成後端贏利的方式，比較適合和供應鏈上下游關係比較密切的店家。

❖ 平視關係：大家一起造勢

　　異業合作的時候，如果僅僅是互相在店裡陳列對方的宣傳資料，一般不會有多大的效果。實際上，很多時候異業合作並不需要做得太複雜，如果是旗鼓相當的兩方的異業合作，就可以做得很輕鬆、有趣。

有一家圍棋教室和瑜伽教室，中間隔著一個店家。圍棋教室門口放了一個展架，展架上寫的是：隔壁的隔壁○○瑜伽教室很好！然後用一個箭頭指向瑜伽教室。瑜伽教室門口也放了一個展架，上面寫的是：隔壁的隔壁○○圍棋很好！然後用一個箭頭指向圍棋教室。

▲ 圖 5-16　圍棋教室與瑜伽教室的異業合作

這樣的異業合作方式非常有趣，會讓路過的人忍不住多看幾眼，也可以引導更多顧客進店，成功實現異業合作之間的顧客共用。

競爭對手之間不一定要互相攻擊，也可以一起合作造勢。這種異業合作方式比較適合平級和平級之間的異業合作，也是多數意義上的異業合作。

　　有人說異業合作就是截長補短、強強聯合，用低成本、精準批量獲客。異業合作的確有這樣的效果，但不是所有異業合作都能實現這樣的效果。

　　真正意義上的異業合作一定要深度思考、深度融合，不能以佔別人便宜的心態去開展異業合作。異業合作需要自己用心，只有自己用心了，別人才會用心，合力才會強大。

5-10

產業鏈思維：打通上下游關係，生存空間更大

　　一般來說，產業鏈上游的工廠掌握供應鏈和貨源；產業鏈下游的實體店掌握著顧客，也就是說，上下游各自掌握著核心資源。而產業鏈中游的代理商則被架空了，尤其網路時代資訊變得透明，他們的生存空間更容易遭受擠壓。

　　有一家做流通型的燈具照明、電工產品、衛浴潔具的批發配送店舖。其主要顧客是相關的零售店家，範圍為 60 公里內的經銷商。

　　經營多年來，資金一直處於緊張狀態，產品的庫存越來越多。因此經營者想出讓一些股份、回籠一些資金，而且想引入年輕、有活力的管理者。

　　其實，這家店要找到合適的年輕的管理者比較難，不如從自己的員工中尋找。因為這家店位於產業鏈中游，核心競爭優

勢不明顯，上下游一擠壓，生存空間會越來越小。也就是說，這家店的命脈並不掌握在自己的手中。

　　位於產業鏈中游的店家，不如從銷售產品的思路中跳出來，轉變為提供服務。服務中包含產品，產品只是服務中的一部分而已。這就是從銷售產品升級為銷售解決方案，能夠成功打通產業鏈，實現上下游引流。

　　有一位銷售燈具的老闆，想為小城市裡開燈會的需求方提供整套方案。例如，如何在燈會現場做燈光系統？怎麼設計燈會路線？這套方案可以讓需求方輕鬆、省事地投資和賺錢，而他變成提供一整套燈會方案的服務方。

　　然後，他再拿著為需求方做的方案，去找上游的燈具生產廠家溝通，因為一次的需求量夠大，而且可以長期合作，所以在廠家的話語權比單純做中間商時大得多。如此一來，上下游資源都會隨之向他靠攏，他在市場中的競爭力也會更強。

　　從產業鏈中游起家的老闆，為了獲得在整個產業鏈中的話語權，提高自己的核心競爭力，就要從售貨思維轉變為服務思維，從單純的銷售產品變為銷售服務，展現出自己的價值增量。

　　做到一定程度後，一定要反向投資上游供應鏈，哪怕只在上游生產廠家佔股 5%、10%，甚至只有 1%，至少在同等競爭條件下，會比其他的中游企業更有話語權。

5-11

用短影音、直播賺取 高流量──以抖音為例

　　對實體門市而言，有流量才能提高銷售轉化率，也才能獲取更多利潤。抖音是一個擁有龐大流量的平台，日活躍使用者高達幾億。對於門市經營者來說，如何吸引、轉化抖音平台的流量，是低成本獲客與銷售轉化的重要一課。

❖ 短影音

　　雖然抖音已經成為很多門市經營者的日常工具，但是如何用短影音創造內容、利用抖音行銷獲客，很多人卻茫然不知。以下我分享一些抖音短影片的內容邏輯。

　　關於抖音的推薦機制，很大程度上與內容的垂直度和品質有關，因此經營者要根據門市業務，來確定短視片的類型，並持續發佈這個類型的高品質短影片。

　　例如，餐飲店適合發佈美食類型的短影片，美髮店適合發

佈美髮過程、時尚髮型的短影片。切忌今天發一條美食短影片，明天又發佈一條美髮短影片，這樣就難以做到垂直，不但不符合抖音的推薦機制、影響流量，還會導致粉絲群體不集中，後期轉化困難。

如果門市經營者不知道如何創作垂直度高、品質高的短視頻，不妨學習同領域的其他帳號，從模仿開始。

在具體的內容創作中還要注意，短影片宜短不宜長，並且要能在最初的幾秒就吸引粉絲的眼球，才能得到更多推薦，進而獲取更多流量。

❖ 直播

除了短影片之外，直播帶貨也是抖音流量轉化的重要管道。相比傳統的銷售方式，直播帶貨經由真人視頻動態講解，更具場景化、生活化，因此更能刺激消費者購買。直播帶貨除了可以滿足消費者的購物需求，還有利於直播主打造個人 IP，提高粉絲的黏性。

這種「銷售＋打造個人 IP」的直播方式，非常適合實體門市。經營者可以利用直播展示門市的特色產品，一方面為門市吸引流量，另一方面老闆也可以借此打造個人 IP。

雖然直播帶貨的主要平台還是各大電商，但因為電商平台對帳戶、直播主的要求門檻較高，所以小商店的老闆想要在大的電商平台直播並不容易。這個時候，抖音就是不錯的平台選擇。

一般來說，在抖音做直播限制較少，只要年滿 18 歲，經

過實名認證之後就可以進行直播。但是，要想在直播中銷售商品，就必須滿足一定的條件，例如個人主頁非隱私視頻 ≥10 條，抖音帳號粉絲數 ≥1 千人。當天粉絲數若剛好超過 1 千人，直播分享商品許可權在第二天才會生效。

門市經營者可以先在抖音平台經由短影片、直播等方式引流，沉澱一定的粉絲量，之後後就可以開通直播帶貨了。

無論如何，「短影片＋直播」都將是未來一段時間內，線上不可忽視的流量池，也是門市經營者實現冷啟動不可忽視的工具。

案例 1

跳出售課思維，讓顧客先體驗更重要

一個培訓機構的老闆問：「為什麼培訓機構推出的免費課程沒有人願意聽？」

我想用我的親身經歷來回答這個問題。有一次，我帶著女兒去商場玩，閒逛的時候走到商場的一家英語培訓機構門口。門口站著一個外國人，他向我們招手並給了傳單，說下午兩點有一堂免費課程。我覺得不錯，因為女兒去聽課時我可以休息一會兒，於是果斷決定參加。

臨近上課的時候，我和女兒走進培訓機構的教室。這間教室是該培訓機構最大的一間教室，教室裡有一個很大的落地窗，商場裡路過的人都可以清楚地看到裡面上課的場景，這其實就相當於一個真人櫥窗廣告。

這堂課是家長和孩子一起上的，家長們都坐在教室後面的板凳上，孩子們在前面玩英語遊戲。一節課30分鐘，很快就愉快地

結束了，這時又走進來一位老師，說要把孩子們帶到另一間教室玩遊戲，主要是想看看孩子們離開家長後的表現。

　　孩子們離開後換校長進來了，開始為家長介紹課程，以及培訓班各種有趣、開發大腦的活動。介紹完之後，孩子們才回到家長的身邊。然後，老師會根據剛才孩子們玩遊戲的情況，提供每一個孩子測驗英語的結果，並提出各種建議。最後，老師讓家長帶著孩子到外面的小房間參觀，這時候他們會單獨跟家長提建議，其實就是向每個家長推銷課程。

　　上完免費課程回去後，我常常收到該培訓機構打來的電話。但是奇怪的是，他們從不在電話裡銷售課程，只是跟我說什麼時候有免費的體驗活動。

　　例如，有教小朋友做蛋糕的活動，他們會將教室裝修成廚房，裡面有烤箱和各種廚房用具。除此之外，還有其他主題教室，設置這些都是為了提高小朋友的體驗感，我很樂意帶孩子到那邊玩。

　　所以，送免費課程並不是重點，該培訓機構的「撒手鐧」是送體驗。

　　因為家長要的並不是課程本身，而是好的體驗感。只有這樣，門市和家長才能建立信任關係，進而成為朋友，最終促進家長們選擇給孩子報名課程。

案例 2

小店家用打火機，打敗地點更好的同業

在某個村子裡，一公里內有 3 間小商店，主營煙酒、日常生活用品、食品和飲料等，3 間硬體條件和商品都差不多。有一間的位置比較偏僻，人流量比較少，但生意卻是 3 間中最好的。這看上去似乎不符合邏輯，為什麼流量少卻可以把生意做得那麼好呢？

我有一個朋友是這個村子裡的，他過年回老家的時候，發現了這家店生意好的奧秘。

有一天，他在路上遇到鄰居李叔，對方正要去那家生意好的小店。我的朋友有點不解，為什麼要捨近求遠？因為李叔家隔壁就正好有一家小商店，為什麼不在那家店買就好？

李叔對朋友笑著說：「我要去的那間店，拿○○煙盒就可以換一個打火機。」聽到這些話，我的朋友才恍然大悟，原來這家店是用打火機引流。

打火機的批發價格才 0.2 元左右，甚至更低，遠比發傳單划算。而且傳單的歸宿通常是垃圾桶，90% 都浪費掉了，而打火機是成功引流後才會送的，轉化率是 100%。

這個案例中還提到了「○○煙盒」，這也是一個很妙的引流設置。煙盒原本沒什麼價值，小商店的老闆可能也只能當垃圾丟掉或回收。但是這就給了消費者一個理由，讓消費者適當地付出（先收集煙盒），再兌換打火機，這種活動的轉化率就非常高。

因為來小商店換打火機的消費者，總會順便再買點什麼。

就算有那種只兌換打火機，其他都不買的消費者，也會因為跟小賣部的老闆建立了信任關係，有購買需求的時候更願意去那家店買東西。

　　這個案例在非農村地區也非常有借鑒意義。例如在手機店，用舊手機再加一些錢換一個新手機；在藥妝店，憑粉底的空盒子可以換一盒新粉底；在蔬果店，憑空醬油瓶可以換一顆大蒜等等。

案例 3

用數字遊戲做有趣行銷

　　有一家麵館叫「雷門拉麵」，我常帶女兒去這家麵館吃飯，主要是因為被店裡的「數字」吸引。

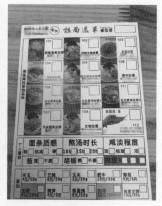

▲ 拉麵店的年度暢銷菜品榜和菜單

雷門拉麵店的數字行銷做得特別好，當消費者往店裡一坐，就可以看到桌角有一個排名：雷門拉麵店年度統計暢銷菜品榜，前三名分別是社長原湯拉麵，售出 81 萬多份；沙拉售出 78 萬多份；叉燒拉麵售出 68 萬多份。

點餐的時候，店員還會給消費者一張小卡片，先選麵，再選一些客製化的設定。

例如麵條口感、鹹淡程度。更有意思的是，還會讓消費者選擇熬湯時長：有熬 10 個小時、15 個和 20 個小時的湯，大部分人都會選擇熬湯時間最長的選項。

這就是明顯的「做好事，要留名」的做法，店家暗示消費者自家的湯都熬了很久，這比直接説自家的湯熬了多久這種廣告詞，效果好得多。因為多了互動參與，消費者的記憶感會更強。

無論是菜品排名還是菜單上的熬湯時長，其本質就是用數字遊戲做行銷。這些數字可以讓消費者感受到這家店的產品很受歡迎，而且品質有保障。

數字在行銷表達中非常有用，學會用數字表達可以讓行銷更深入人心。具體來說，數字行銷有以下四個特點。

第一，可以顯得特別專業。例如，樂百氏純淨水的廣告語「經過了 27 層淨化」。

第二，有很強烈的對比感。例如，某掃毒軟體顯示的「您的電腦開機速度已經超過了全國 n% 的電腦」。

第三，有強烈的引導性。這就像玩遊戲升級一樣有成就系統的引導，例如，在某 App 上，每當你聽完一本書後，系統都會說一句：「這是每天聽一本書陪你讀過的第 182 本書，祝

賀你又聽完一本書。」

　　第四，讓人能夠產生具象化聯想，用戶體驗更好。例如，我之前在上海機場看到的指示牌，不僅會告訴你廁所在什麼方向，還會告訴你從現在的位置到廁所距離有多少公尺，走路過去需要多少分鐘。

第 **6** 章

13 個老店創新，
成功打開新市場的案例

6-01

想辦法迎上
今日消費者需求

　　為什麼很多品牌要升級？品牌升級是因為消費者的認知升級了，需要品質更好的產品。這個品質不僅是物質層面的，還有精神層面的。因此，升級一定要掌握一個「度」，這個度就是符合當下消費者的需求。以現在的眼光看 10 年前的好廣告，其設計似乎並不吸引人。但是，為什麼這些廣告在當時影響那麼大呢？主要是因為它們符合當時消費者的需求。

　　豪客來西餐廳是一家連鎖西餐廳。早些時候，因為大家都沒有吃過西餐和牛排，覺得用刀叉吃牛排是一件很洋派的事情。於是，豪客來就以西式餐飲的品牌形象出現了，當年的年輕人認為這是一種高級消費。

　　豪客來從 1993 年一直經營到現在，將近 30 年，為什麼生意可以一直那麼好呢？因為它不停進行品牌升級。

隨著經濟不斷發展和生活水準不斷提升，人們的消費認知也在變，吃西餐已經不是一個高級消費了。而且消費者關注的不再是產品的價格，而是產品的品質。於是，豪客來開始對品牌進行升級，將餐廳變成家長帶小孩子吃飯的地方。

2019 年 6 月，豪客來推出一款兒童餐新品——嘟嘟牛排套餐。餐盤是黃色的汽車造型，菜品裡除了主菜牛排，還有各種各樣卡通造型的茄汁蔬菜義大利麵。主要是為了讓美食更好看，讓孩子覺得吃飯很有趣，推出後果然深受孩子們喜歡。

飯後還有專門為孩子製作的甜點——秋小栗慕斯，上層覆蓋了酸甜爽口的水果，搭配趣味橫生的卡通兒童專屬餐具，讓孩子愛不釋手。

▲ 圖 6-1　豪客來專門為孩子製作的餐點

主廚在新品品鑑會現場透露：「豪客來牛排有很多家庭消費者，我們發現，孩子的吃飯問題很困擾家長。孩子的餐食有別於成人，如何為孩子選出吃得更健康、更營養，同時符合小孩子口味的牛排？這是我們需要思考的問題，豪客來牛排舉辦的新品品鑑會就是我們的答案，希望得到大家的認可！讓孩子

們吃得更健康、更營養、更美味、更有樂趣。」

　　早在 2018 年 5 月，豪客來就與營養師簽約，並陸續推出了豪小牛成長套餐等深受孩子喜歡的產品。那時豪客來就已經意識到，消費者對兒童營養越來越重視，這其實就是一種消費認知的升級。

6-02

「勢」的升級：看出 新趨勢，打造差異化品牌

　　「勢」的升級，就是要從文化層面洞察，打造差異化品牌。例如，專注於女性短髮的美容美髮店，這種業務就屬於「勢」上的創新升級，是基於文化洞察的創新。有不少女性會在失戀、換工作或發生重要事情時剪短髮，這項業務就可以滿足她們的需求。此種創新有很強的差異性，能吸引較多女性消費者。

　　如果門市能圍繞「勢」這個層面展開升級，將會獲得更大的市場和機會。但很多老店打開新市場的時候，往往只會盯著產品創新。這種創新當然是有效的，但是未必能成為一個真正的、有潛力的突破口。

　　因此任何一間老店都應該嘗試從「勢」上升級，多從文化層面洞察市場，找到更具爆發力的機會。為了讓大家更深入瞭解文化層面的創新，我們來看一個案例。

有人問：休旅車的女性消費者漸漸變多，她們的消費動機是什麼？面對這個問題，我心裡已經預設了一個答案：休旅車開起來安全，空間也更大可以放嬰兒車，一家人出門也很方便。

然而，我的女性朋友告訴我的答案是：「女人應該開休旅車，有氣勢。」

從朋友的回答中可以看出，女性對休旅車的需求已經發生變化並增長。早在 2007 年，日本一家 SUV（sport utility vehicle，運動型實用汽車）公司就發現這個需求，並設計一款海報，海報上是一位女性和一輛 SUV。

以往 SUV 公司更關注的是男性的需求，主打男性市場，但是隨著時代變化，女性對 SUV 的需求逐步增長。所以，生

▲ 圖 6-2　日本某家公司 2007 年的 SUV 廣告海報

產和銷售 SUV 的商家和品牌，可能都需要重新梳理消費者的需求變化，創新自己的行銷模式。

　　很多時候，文化創新的機會遠遠大於產品創新的機會。所以，老店要想打開新市場，一定要學會從文化層面洞察市場，去發現並掌握更多的機會。

6-03

「道」的升級：營運模式創新，服務才能升級

　　「道」的升級，就是從運營模式上創新，提高服務能力，例如快剪服務。

　　不少男性覺得剪髮的流程太複雜，會浪費他們很多時間。因此，有人推出一個 10 分鐘的快剪服務，不洗、不吹，剪完就可以走，家樂福、沃爾瑪這樣的大型超市裡，都有提供快剪服務。

　　這種快剪服務，其實就是運營模式上的創新。再分享一個我自己的故事，自從妻子生第二胎後，全家人都圍著孩子轉。妻子雖然盡心盡力照顧孩子和家庭，但免不了會有一些小抱怨，例如抱怨買菜很辛苦，希望我可以分擔這件事。但是我平時工作比較忙，沒有時間去買菜，於是跟她說：「我可以負責買狗飼料。」

　　結果我發現，買狗飼料看似是一件非常簡單的事情，但實際上非常麻煩。雖然狗飼料的產品型號是固定的，但有些店家有活動、有些沒有，我常常要花時間去對比在哪一家店購買比較划算。而且妻子交代一次只能買一袋，不囤貨以保持新鮮。其實，這中間蘊含著一個巨大商機，甚至可以說是顛覆性的商機——補給經濟。

　　在我們日常購買的物品裡，幾乎 50% 都是補給式物品，如牙膏、衛生紙、狗飼料、米、牛奶等。我們會長期重複購買這些物品，而且不需要每次購買時都研究太多品牌資訊、產品功能。

　　如果只補給一種物品還好，但是如果需要輪著補給家裡的各種物品，就是蠻痛苦的一件事，這就是消費者的痛點。痛點在哪裡，需求就在哪裡。所以，誰能實現並推廣一鍵式購物、補貨，誰就可能拿下規模巨大的補給經濟的市場。

　　亞馬遜曾推出一款產品叫「Dash Button」（一鍵購物按鈕），是一個上了電池的塑膠按鈕，在亞馬遜的售價是 4.99 美元。這款產品可以連接 Wi-Fi 和藍牙，用手機進行設置，背面有雙面膠可以貼在任何地方。

　　例如，你在家裡的馬桶上貼一個這種按鈕，上廁所時發現衛生紙快沒了，只要一按，就會經由 Wi-Fi 直接在亞馬遜網站下單。下單的商品就是你之前在手機上設置好的某品牌衛生紙，並在你綁定的信用卡上直接扣款。亞馬遜收到訂單以後，會立刻通知你家附近的配送站進行配送，30 分鐘內衛生紙就能送到。

　　同理，你也可以在家裡的洗衣機上貼一個按鈕，一按就可

以立刻下單購買洗衣精。廚房裡也可以貼幾個，分別下單醬油、麵、米等物品。也就是說，我家的小孩尿布和奶粉、狗飼料、烏龜飼料，可以借助這個按鈕，經由一鍵式的購買完成補給。這個小工具對我來說，實在是太實用了。

▲ 圖6-3　亞馬遜推出Dash Button（一鍵購物按鈕）

▲ 圖6-4　可貼在洗衣機上的 Dash Button

其實一鍵購物按鈕只是第一步，這是一個十分宏大的創新平台，即一鍵補給服務（dash replenishment service）中的第一步棋。亞馬遜這項野心勃勃的技術應用，還可以把感測器直接安裝在產品上，不需要使用者按下按鈕，就可以自動觸發補給訂單。

例如，在印表機上內建一個功能，將感測器和亞馬遜下單連結。當影印紙快用完的時候，就能直接被送過來。亞馬遜已經對所有廠商開放這個介面，任何產品的廠商，都可以使用這個功能打造自己的全自動補給服務。Brother 墨水匣、惠而浦和通用的洗衣機、烘乾機以及三星的很多產品中，都使用了亞馬遜的這個自動補給介面，可以實現全自動補貨。

自动重新订购

当剩余的商品数量下降时，产品会通过设备自动重新在亚马逊上订购。

增加收入

您可以销售根据设备设计和制造的正品。或者您可以从▇▇▇▇▇上出售商品的其他公司重新订购商品。在这种情况下，您可以获得自动重新订购商品的特定费用，这样您就可以创造新的机会来发展您的业务。

轻松合作

您只需10行代码即可开始使用Dash Replenishment服务。连接到网络的设备将代表客户下订单，而不必管理与订单有关的地址、支付方法和计费系统。这为亚马逊提供了低价、丰富的分类和可靠的送货服务。

客户满意度

通过使用Dash Replenishment服务，您可以为您的客户提供为您的设备设计和制造的正品产品，从而提高客户满意度并增加设备参与度。

它是如何工作的

客户链接他/她的亚马逊账户和设备，并选择您要自动重新排序的项目。当设备测量并跟踪产品的使用情况时，当库存变低时，使用Dash Replenishment服务重新订购时，亚马逊将把物品运送给客户。
Dash Replenishment服务使用Login with Amazon (LWA)，亚马逊的简单通知服务，RESTful API端点，仅使用10行代码链接设备和云。

例如，在带有内置传感器的宠物自动送纸器的联网设备上，测量容器中剩余的宠物食物量，并在其消失之前重新排序。
点击此处了解详情

▲ 圖 6-5　亞馬遜推出的全自動補貨服務

當購買這些產品的消費者不需自己去購物時，實體店裡的推銷、優惠券、展架、促銷活動等傳統促銷手段，幾乎都失效了。這個時候，各種產品的行銷人員都得思考一個令人非常不安的問題：所有的購買路徑都不復存在了，如何向消費者推銷產品呢？

　　或許，你可以現在就開始考慮做一個自己品牌的「一鍵下單按鈕」，或搶先在自己的國家做一個一鍵下單平台。其實這兩種方式的本質就是創新運營模式，提高服務能力。

6-04

「術」的升級：行銷有新意，顧客會一個接一個來

　　「術」的升級，是指創新行銷模式，引流裂變，幾乎所有傳統行業都可以經由創新行銷模式，為實體店引流。

案例 1

傳統書店升級：不只賣書也賣體驗

　　有兩家書店的主營項目都是圖書銷售，也都開業 10 多年了。規模小的書店主要做零售，規模大一點的書店主要做考試用書代理、批發兼零售，兩家每個月的營業額都在 2 萬～10 萬元。

　　雖然經營得還可以，但是書店老闆認為時代在變化，顧客的需求也在變化，如果不升級轉型很快就會走向衰亡，但不知道應該如何做才能讓書店成功轉型。

關於書店升級轉型，可以從以下幾個方向思考。

1. 消耗時間，做好顧客體驗

以前的書店銷售的是產品——書，而升級轉型成功的書店或未來的書店，銷售的是生活方式——消耗時間。網路時代顯著的特徵，是加快人們生活和工作的節奏。因此，很多線上專案都是幫助大家節約時間，提高工作和生活效率。如果線下門市想做得更好，就應該跟線上反著做，即要消耗大家的時間，做好顧客體驗。

以星巴克為例，對於大部分來說，喝咖啡並沒有什麼特別之處。但對於年輕人來說，去星巴克點一杯咖啡坐著，是一種生活方式，這種方式能夠滿足他們內心嚮往悠閒生活的需求。同樣，書店也可以經由銷售生活方式，來吸引更多顧客。

不過，以案例中這兩家店的經營情況來看，團隊以及經濟實力可能無法承擔這種升級轉型帶來的風險，不能直接照搬上述兩家店的模式升級轉型，但可以朝著這個方向去思考。

例如，書店不是靠銷售書賺錢，而是靠銷售飲料、咖啡、文創禮品贏利。所以書店不要緊盯著書，而要把目光放得更寬，學會拓寬經營範圍。

2. 在當下思維邏輯的基礎上升級

因為這兩家書店在小城市，而且主要銷售考試用書，所以，我還是建議它們延續當下的思維邏輯，在此基礎上做升級。

例如，可以每週邀請老師來書店上課，或者在書店門口放

不同的題目，邀請進店的學生做，誰能最快解答就能獲得一定的折扣優惠。

另外，如果實體店的空間允許，還可以放一些書桌吸引更多學生來看書、寫作業。把書店打造成當地學生自習的一個場所，就能不斷吸引學生到店學習、購書。

3. 建立學習的群組

書店老闆可以建立一個學生的學習群組，例如 LINE 群組、微信群組。老闆可以在社群裡出題，如果有人能第一時間給出正確答案，就可以獲得買書的優惠券，成功突破空間的限制，為書店引入更多流量。

以上建議只是書店升級轉型的一個方向，傳統門市升級轉型的重點，是要注重原有的思維邏輯，在此基礎上做一些小改變，實現一定程度的升級。

案例 2

園藝店升級：不一定要有實體店面

貴陽市有一家門市，其創始團隊有 4 個人，一位教師、一位本科畢業生（建築學專業）、一位司機和一位業務。其主打的產品是植物和容器，銷售管道是上門推銷，也會和酒店、餐廳等各種門市的負責人建立合作關係。

據調研，貴陽市做植物銷售的有兩種形式：一種是花卉市場，另一種是零散的花店。也就是說，並沒有一個很好的品牌在

做植物銷售，更沒有後續的服務。但是這家門市可以提供免費的植物維護服務、傳授養護知識，並且會幫助顧客進行植物搭配設計。其目的是以「內容＋服務＋產品」的形式，將自己的門市打造成一個專注於回歸自然生活的品牌。

這樣的門市做得比較好的都在一線城市，貴陽市還沒有這樣的店家，這是該店的優勢所在。

但是，創業並沒有想像中那麼簡單，門市啟動階段創始團隊就遇到很多問題，例如選址、啟動資金等。由於前期資金不足，創始團隊打算先不開實體店，先積累流量，等有一定流量之後再開實體店。但不確定這樣做是否行得通，也不確定前期如何去做行銷。

1. 不一定要開實體店

成都有一家「植寤工作室」，這家店的老闆是一位很執著的植物學家，門市主要的贏利方式是育種專案。「植寤工作室」是一個比較有情懷的地方，可以吃飯、可以聊天。但餐飲這塊幾乎虧錢，而且人流量也不是很大。所以，我覺得銷售植物不一定要開實體店，因為養植物對場地的要求比較高，投資回報率相對來說比較低。

2. 賦予場景化的差異

關於門市的宣傳，可以結合性格賦予場景化的差異。例如，某種性格的人適合在臥室、陽台養什麼植物，這就是場景差異化，可以成為品牌的第一辨識點。此外，店家也可以建立一個植物愛好者的社群，利用社群實現流量沉澱。

3. 把植物變成「動物」

我家裡有一台 3D 印表機，閒暇時我會用 3D 印表機或家裡的各種五金工具，來做些好玩的東西。有一天我突發奇想，想做一個把植物變成「動物」。其實很簡單，就是做一個造型像動物的花盆。花盆下面有輪子，裡面種多肉植物，並埋一些感測器。

每天早上 10 點，這個花盆就會自己轉動，去尋找有陽光的地方，自己主動曬太陽。當植物發現自己「口渴」了，花盆還會自動用水泵「喝」水。此外，我們還可以經由語音，去指揮裝植物的花盆做一些簡單動作。

隨著人工智慧技術的發展，這些功能在技術上都可以實現，這個產品的價值其實在於沉澱數據。如果僅僅是自己一個人養植物，數據量太少；但如果有很多喜歡養植物的人都買這個花盆，就可以實現數據沉澱。

不同地區、不同氣候條件下的同好，可以把自己的數據同步上傳到伺服器雲端，例如幾點澆水、幾點曬太陽或是躲太陽，那麼其他人就可以參考這些數據養一樣的植物。既能提高植物存活率，又可以和有共同愛好的人建立社交關係，這個價值就遠遠超過自己一個人養植物的價值。

案例 3

童裝店升級：提升品質 & 跨界創新

有一家專門銷售女童童裝的門市，主打產品是女童 T 恤、外套、校服等，每個月的營業額在 3 百萬元左右。雖然收入還不錯，但是市場競爭太激烈，老闆想尋找新的經營模式逆勢而上。

童裝業的市場機會其實很大，我很看好這個行業。但由於今日童裝業甚至整個服裝業，大部分都是粗獷型的發展方式，市場上沒有差異化明顯的產品。所以，童裝業最大的市場機會就是創新，打造差異化優勢。具體來說，可以從以下兩個方面入手。

1. 堅持品質，做真正的兒童時裝品牌

例如，專注做兒童的節日服裝，類似國外的晚禮服。雖然國內的晚禮服使用場景沒有國外多，但是有過節穿新衣的文化根基。所以，我們完全可以把國外的晚禮服概念，轉化為國內的節日服裝，還可以對這個市場進行細分。

這個市場其實很大，因為很多家長都重視孩子的穿衣品位。該店老闆需要做兩件事情：找錢（融資）和找人（人才）。例如，到北京的798（注）去找藝術師設計衣服，這其

注：798藝術區位於北京市朝陽區，為北京的文化創意產業集聚區，聚集了許多藝術家工作室和當代藝術機構。

實就是一個競爭優勢。因為其他店的服裝都是設計師所設計，但是該店的所有服裝設計師都是藝術家。這給消費者的感覺會大不一樣，吸引力自然會更強。

同時還可以借勢行銷，例如送衣服給有孩子的服裝業關鍵意見領袖，請他們幫忙宣傳。慢慢地，該店在目標消費人群中的品牌知名度提高，這時候流量就不成問題了。

2. 跨界創新

童裝門市經營者，也可以採取跨界創新的方式打造差異化優勢。例如，把綜藝節目裡撕名牌的概念運用到童裝上，名牌上可以寫「今天我第一次洗碗了」「今天我又學會了 5 個字」等等，給孩子一種被老師貼獎利貼紙的感覺。這些文案還可以訂製，讓家長貼上自己想說的話，既能激勵孩子，還能將衣服變成一種亞文化。

童裝行業很有前景，童裝門市經營者當前要做的，是真正沉澱下來去創新、做好品牌，才有可能發展得更好。

案例 4

裝修公司升級：懂得善用年輕人的優勢

有一家裝修設計公司，一年的營業額為 3500 萬～4000 萬元，已經營 5 年。公司目前的問題是建材、運輸、經營模式都非常傳統，主要專案都來自老闆個人的資源。公司的優勢是專案多、施工團隊穩定、做工扎實、銷售管道廣。

這家公司旗下有幾十個裝修隊，但是老闆不知道如何做才能啟動這些裝修隊，實現業績翻倍。

傳統企業創新轉型只有兩條路。

第一，花錢投資年輕人。例如，拿一些錢投資年輕的裝修設計師，因為他們是未來、是趨勢，只有掌握住趨勢，才能掌握更多機會。

第二，給年輕人做供應鏈支持、做後端。例如，分離業務，一方面繼續做原有業務，另一方面成立基金投資產業鏈做支持，成為集團化公司，這方面可以參考「麗維家」這個公司的發展佈局。

麗維家的格局非常大，從做櫥櫃起家，如今全中國的廚具用品店幾乎都有他們的產品，後來又代理世界知名的板材品牌Kronospan。可以說，麗維家的融資能力非常強，商業決策非常清晰、有節奏，團隊有執行力。以上案例中的公司發展，需要的正是這樣的經營模式。

案例 5

餐飲店升級：主動出擊找到顧客

一位老闆有兩家冷鍋串串店，之前因為地理位置的原因關了一家，剩下的那家面積為 90 平方公尺，主打產品是自己命名和改良的一種鐵板冷鍋串串，生意好的時候營業額在 2 萬元左右。該店在同業中的排名還不錯，剛開業時蠻有人氣，知道的人不少，在其經營的 3 年中很多同業都倒閉了。

該店之所以生意還可以，是因為老闆經由各管道投入很大的成本去推廣。但今日餐飲業的大環境是消費降級、經營成本增加、經營人數增加、競爭加劇，使宣傳的成本增加但效果下降。在這樣的情況下，老闆不知道要如何做才能獲得更多流量。

　　這個問題確實比較棘手，一般來說餐飲店的生命週期是 2 ～ 3 年，過了這個週期就很難做了，因為店鋪對消費者來說已經沒有新鮮感。除非重新換店名、重新裝修，但是這麼做的風險比較大。

　　我的建議是可以嘗試主動出擊，創造出新的模式。據我瞭解，該店周圍的辦公大樓比較多，所以可以用移動便攜的設備，把串串移到辦公室走道，以「掃樓」的方式去銷售。

　　除了銷售產品，還要學會往自己的門市引流，例如發傳單引流或者微信引流，只要消費者有需要隨時送貨上門，可以給消費者帶來一種新的體驗。這種體驗很容易吸引辦公族群，實現一定程度的引流，如果持續做應該會取得不錯的效果。

案例 6

西餐廳升級：包裝「空間」的概念

　　孫女士於 2014 年 8 月開了自己的西餐廳，每日營業額 3 千元左右。餐廳的整體佈局如下：一層為餐飲區，提供西式簡餐、特調雞尾酒，適合大眾消費。二層為威士忌、雪茄區，提供單一麥芽威士忌、日式或英式雞尾酒、雪茄，適合高階商務人士消費。

　　但商業街整體消費氛圍不足、宣傳力不夠，不被大眾認知，所以孫女士迫切想解決客流量的問題。

　　西餐業確實有整體走下坡路的趨勢，沒有特色的西餐，或者不是平價的大眾西餐很難吸引人。因為西餐廳的場景並不適

合新時代年輕人約會，他們更願意去一些好玩、有趣的餐廳，這是西餐廳沒落的一個關鍵原因。

所以，該餐廳要弱化西餐的概念，聚焦於推廣咖啡或飲品。例如，300 元咖啡無限暢飲包月卡，或 1 人 300 元 / 月不限次數喝某種咖啡。這些喝咖啡的人很有可能留下來吃西餐，就能成功實現顧客沉澱。

西餐對年輕人的吸引力可能不是很大，因為他們更喜歡「空間」的概念。所以，西餐廳升級的方向，可以是提供一個舒適的消耗時間或談事情的空間，而咖啡和西餐，都只是這個空間的配套服務。

案例 7

茶具店升級：做得更深、做得更新

江蘇省宜興市（紫砂原礦產地）有一家店鋪，主要從事紫砂壺銷售。該店 90% 的銷售額來自代理商（本地代理商佔 80%），每個月營業額 30 萬元左右。店裡的產品與其他店的差異不大，因為很多都是貼牌生產。最大的差異就是壺的落款，紫砂業的對底款（即所謂的製作者）歸屬感很強。

該店的經營者正計畫做生活化的紫砂品牌，品牌文化是「嚴選真紫砂，暢想真生活」，但是他不知道要如何行銷。

這個時代喜歡用紫砂壺喝茶的年輕人慢慢減少，因為覺得那樣喝茶麻煩、效率低。當然，不排除有一部分人喜歡。所以，紫砂壺店可以參考以下兩種思路來升級。

1. 按照原來的思路做，做得更深

主要還是以打造匠人師傅 IP 的思路去做，但是要做得更深。可以包裝這些匠人師傅，例如和自媒體合作宣傳。此外，還可以多參加一些創業節目，品牌知名度提升之後，就可以發展更多的代理商。

這樣做的缺點是不夠新穎，因為依然是按照老思路在做。好處就是比較穩妥，不會存在太多障礙，執行起來也方便。

2. 完全跳出原有思路，做得更新

若要換一種思路，就要完全跳出原有思路，原創一個行業。例如，紫砂杯──年輕人，喝茶身體好。這樣做其實就是專攻年輕人市場，打造一個非常時尚的紫砂壺品牌。

這種市場的銷售其實並不難做，可以全部「嫁接」現成的年輕茶葉品牌的管道，也可以參考專門銷售銅手工藝品的「銅師傅」銷售經驗。採取這種行銷模式比較難的地方在於，對團隊的要求比較高，一定要懂品牌、懂網路運營。所以想採取這種行銷模式，經營者就要找到合適的團隊成員。

案例 8

辦公傢俱店升級：跳出行業框架，異業合作

上海市有一家經營辦公傢俱品牌的門市，該店有兩位創始人，一位負責產品設計和市場銷售，另一位人負責生產。店裡主營的產品是現代風格的辦公傢俱，主要的銷售管道是網路，每個

月營業額在 200 萬元左右。

產品的定位是中高階辦公傢俱，顧客群是高階辦公大樓裡的新租戶、有實力的民營企業等。展示間在上海也是數一數二的，但就是精準流量太少。

這家店和同業最大的差異在於產品的設計感，在同業能排到中上水準。據瞭解，同業內做得比較好的是 POSH 辦公傢俱，其管道開發能力較強。

這家店在經營中遇到的問題有以下兩個。第一，推廣管道比較單一，主要依靠搜索推廣。第二，雖然服務做得很用心，但是一直沒有主動要求顧客幫其宣傳，很難吸引更多的流量。

關於該辦公傢俱店的升級，我有以下兩點建議。

1. 繼續做好搜索推廣

先繼續做好搜索推廣，再嘗試用其他平台行銷，例如在淘寶開店。這部分未必要成為重心，但可以把淘寶作為一個引流平台，只要將產品上架就可以吸引一定的流量。

2. 跳脫辦公傢俱業模式

例如，結合有「強關聯」的家居設計，思考桌子怎麼擺放、怎麼匹配綠色植物等問題。為此，可以專門運營一個自媒體帳號，長期發表各種辦公室佈置的案例，每個案例展示完後，推薦幾款辦公傢俱。這是一個很好的引流方式，以協力廠商中立的角度來引流，很有機會引發廣泛宣傳效果。需要注意的是，一次只能推薦幾款辦公傢俱，否則會被認為是惡意引流。

此外，還可以和本地的辦公室裝修公司合作，請他們推薦辦公傢俱，這些行銷方式都有助於實現流量裂變。

案例 9

婦嬰店升級：做好社區內的行銷活動

有一家婦嬰店，主要經營 0 ～12 歲孩子的吃喝玩穿等產品，主打產品是奶粉、童裝、洗護用品。這家門市是一個社區店，面積有 160 平方公尺，其主要依託周圍社區的住戶消費，每個月的營業額約 12 萬元。

該店運營的時間不長，所以沒什麼名氣，而且周邊還有 7 家婦嬰店，其中做得比較好的是「漂亮寶貝」，擁有好幾家分店。其中一家分店有一個 3 千平方公尺的游泳池，還配置攝影、DIY 烘焙等項目。

據門市經營者研究，漂亮寶貝很多方面都發展得不錯，例如在兒童攝影這塊做得很好，而且還跟醫院聯合舉辦媽媽教室。

這家婦嬰店應該如何升級才能實現突圍呢？

婦嬰店升級是一個很有發揮空間的專案，這家店位於社區商業，簡單來說，社交商業銷售的已經不是商品，商品只是載體，主要是為顧客提供服務。例如，顧客逛宜家其實並不是為了買傢俱，而是去玩，然後順便買傢俱。

就消費時代的發展趨勢而言，社區未來的社交需求會很大，所以社區婦嬰店不妨現在就適當地進行一些創新嘗試。例如，每週末在實體店門口舉辦各種有趣的小小孩活動，經由這

些活動加家長的微信，建立門市的社群。

然後以微信群為載體，讓家長分享自己的育兒經驗，比如分享如何在家解決小寶寶夜哭、腸絞痛等問題。再如讓家長收集紙箱，週末把紙箱帶到實體店來和孩子一起做 DIY。這類親子活動的關鍵，是讓實體店和家長建立連接、讓家長和家長建立連接，滿足家長們的社交需求。

總的來說，運營社區婦嬰店的一個核心理念，就是讓家長和孩子來店裡做各種有創意的親子活動，然後順便購買店裡的產品。

案例 10

五金店升級：用團購來整合資源

四川省有一家門市，創始人是一對夫妻。門市的面積在 60 平方公尺左右，還在郊區有共 700 平方公尺的展示間和庫房。早期店裡的主打產品是家裝用品、工程用品、燈具等。後來主打產品換成燈飾照明、電工五金用品、衛浴潔具、日用電器等。

該店主要的銷售管道是給經銷商批發配送、中小工程供應商訂購、水電工到店購買等。該店跟同業的核心差異是，該店主要做批發，規模比較大。

該店在該縣級市的同行業中排名第一，比它做得更好的是地級市的同行，規模都比較大，這對該店來說也是一個衝擊。所以，該店急需解決的問題是如何經由升級，用較少的成本搶佔更多的經銷商和顧客資源。

關於五金店升級，我有以下兩點建議。

1. 採取集中式會銷

由於五金類產品的消費頻率比較低，獲客難度較大，所以可採取集中式會銷。集中式會銷，是指經由組織同一時期要裝修的人一起團購。具體來說，就是多拉同業的門市合作，共享資源，打電話給各自的經銷商和顧客，邀請他們參加線下團購節。這種方式能夠有效搶佔更多的經銷商和顧客資源。

2. 掌握顧客心理，做好線下銷售

線下團購其實相當於引流，但是能不能成功引流並獲得更多的利潤，關鍵在於是否能掌握顧客的心理。

我的建議是，線上、線下產品同步，但是線下可以展示更多的產品，尤其是價位高一些的產品。例如，線上銷售 900 元的馬桶，那麼線下也同步展示 900 元的馬桶。但是在這個馬桶的旁邊可以放一個價格 1200 元或 2000 元的馬桶。這樣做可以讓顧客產生比較心理，他們很可能會考慮加幾百元購買一個更好的馬桶，為門市帶來更多利潤。

案例 11

連鎖西餅店升級：線下往線上吸引流量

有一家連鎖西餅店開通微信公眾號商城，準備走「線上 + 線下」的經營模式。但該店在運營線上商城時，遇到兩個問題：如何有效提高商城粉絲的成交轉化率？在不花很多錢的前提下，如何有效吸引顧客？

適合該店的引流方式是線下往線上引流，具體來說我有 3 個建議。

（1）顧客關注微信公眾號，並轉發其中一篇文章到朋友圈或微信群，就可以獲得優惠或者領取獎品。

（2）在微信公眾號裡打造會員系統。會員卡是設置在經由微信公眾號的會員系統，門市經營者可以找一些專業的技術人員開發系統。

（3）在每個蛋糕包裝上或塑膠袋上貼一個 QR CODE。掃描後關注微信公眾號可以獲得一次線上抽獎的機會，每個人幾乎都可以獲得獎品。但這個獎品必須下一次到店消費才能領取。這其實又實現了下一次的引流。這種引流模式非常簡單，效果也很好。

案例 12

家居建材店升級：上下游的異業合作

有兩家家居建材門市，主打產品是馬桶、抽油煙機、熱水器，這兩家店每個月的營業額在 30 萬元左右。

門市經營中遇到的問題是，只要有活動就可以吸引更多的顧客上門； 一旦沒有活動就沒有人流量。但活動的成本比較高，門市想經由社群的方式引流，但是不知道如何做起。

家居建材行業的確是一個消費頻率低、很少複購的行業。但是，上下游異業合作的機會比較多，如果想下定決心做一個不一樣的社群，有一個比較「狠」的思路。這個思路不一定適合所有的城市，所以僅供參考。

1. 做社群聯盟

例如針對瓷磚、衛浴等不同產品，做不同的社群，由不同的人運營。該店為傢俱建材業社群聯盟的發起人，所以要定下規則，並要求所有社群嚴格遵守。此外，還要培訓社群負責人，教他們如何運營社群，尤其是社群活躍度的維護。

2. 子社群收費

對該社群聯盟裡所有的子社群，全部實行收費政策，例如，依照 100 元 / 人收費，因為有進入門檻顧客才會珍惜。

這個社群的名字可以叫「○○市家居建材平價社群」，幾

乎每天都有平價的商品推薦。在社群銷售產品的門市，只在進價的基礎上加價 10% 作為服務費，並且必須提供該產品的進貨單據，不願意麼做的門市不允許加入社群聯盟。一旦發現有產品價格比市場價格高的情況，該店就要被移出社群聯盟，管理者一定要嚴格執行這個政策。

此外，每個門市每週或每月，至少要提供一個平價商品給社群裡的顧客，讓顧客真正得到實惠，才能吸引更多顧客。

3. 實現流量裂變

每個人收 100 元，其實並不是為了賺這 100 元，主要目的是讓顧客介紹友加入社群。如果有顧客介紹朋友加入，可以拿到 90 元作為獎勵，能促成裂變。

此外，社群裡還有一些裝修專家、家居佈置專家等，可以隨時解答大家裝修、傢俱選購、家居佈置方面的問題，這也是實現流量裂變的一種比較好的方法。以上只是一個大的思考方向，細節需要結合所在的城市和項目深入思考。

案例 13

線上店鋪升級：學會講故事，打造自有 IP

有一家生產、銷售毛絨玩具以及動漫衍生毛絨製品的工廠。員工總共有 100 多人（生產工人 100 人左右，銷售人員以及電商客服有 10 多人）。客戶資源分為線上和線下兩種：線上沉澱的主要是批發網的禮品商、貿易商、電商，客戶約有 1 千多個；線

下的客戶，主要是各大城市的線下批發市場商戶和當地的網店，客戶大約有 100 個。

　　銷售管道也分為線上和線下。線上銷售管道主要是兩個店鋪、一個淘寶店鋪和一個拼多多店鋪；線下銷售管道是一個實體批發商店。工廠每個月的營業額 100 萬元左右。與同業相比，其核心差異點是有專業的設計師做原創設計，並且慢慢地形成自己的風格和影響力。

　　該工廠在經營過程中遇到的主要問題是：客戶流失嚴重，行業內價格戰盛行，利潤率日益下降。

　　該工廠的供應鏈能力不錯，但是比較偏生產端。在這樣的經營模式下如果不升級轉型，未來發展可能會遇到更多問題，我的建議是打造自有 IP。雖然不可能在短期內打造出像迪士尼那樣的 IP，但是完全可以朝著這個方向去努力。否則，只會變成代理工廠，只能賺取價值鏈中比較廉價的那部分利潤。

　　那麼如何快速打造 IP 呢？

　　快速打造 IP 的核心就是講故事。例如，用現有的玩具擺拍，每天創造一個有趣的短影音來講故事。其實就是把熱門事件拍成動畫的形式播放（多張圖片輪換組成的影片），可以很快地把自己的產品打造成具有一定影響力的 IP。

　　例如我每天無論多忙，都會抽出兩小時陪女兒，想各種花招和她一起玩。有一次陪女兒玩恐龍玩具，然後跟恐龍一起拍個短片，最後我請她根據這個短片講故事。故事或許不是那麼有趣，但是很利於打造個人 IP。門市完全可以用這種方式去講故事，打造屬於自己的 IP。

國家圖書館出版品預行編目（CIP）資料

如何用短影音、說故事的開店行銷術：這年頭厲害的人，都用「零成本」
包裝一個會賺錢的生意！／高臻臻著. -- 新北市：大樂文化有限公司，
2024.04
256 面；14.8×21 公分（優渥叢書 Business；095）
ISBN　978-626-7422-21-2（平裝）
1. 行銷學　2. 行銷管理
496　　　　　　　　　　　　　　　　　　　　　113004218

Business095

如何用短影音、說故事的開店行銷術

這年頭厲害的人，都用「零成本」包裝一個會賺錢的生意！

作　　　者／高臻臻
封面設計／蕭壽佳
內頁排版／王信中
責任編輯／林育如
主　　　編／皮海屏
發行專員／張紜蓁
發行主任／鄭羽希
財務經理／陳碧蘭
發行經理／高世權
總編輯、總經理／蔡連壽
出 版 者／大樂文化有限公司（優渥誌）
　　　　　地址：220新北市板橋區文化路一段 268 號 18 樓之一
　　　　　電話：（02）2258-3656
　　　　　傳真：（02）2258-3660
詢問購書相關資訊請洽：2258-3656
郵政劃撥帳號／50211045　戶名／大樂文化有限公司

香港發行／豐達出版發行有限公司
地址：香港柴灣永泰道 70 號柴灣工業城 2 期 1805 室
電話：852-2172 6513　傳真：852-2172 4355

法律顧問／第一國際法律事務所余淑杏律師
印　　　刷／韋懋實業有限公司

出版日期／2024 年 4 月 29 日
定　　　價／300 元（缺頁或損毀的書，請寄回更換）
Ｉ Ｓ Ｂ Ｎ／978-626-7422-21-2